吸引力法则

LAW OF ATTRACTION

让你成就财富、成功与健康的秘密法则

畅销4版

［美］华莱士 · D.沃特尔斯／著
沈京会　喻璐／译

中国法制出版社
CHINA LEGAL PUBLISHING HOUSE

华莱士·D. 沃特尔斯及其作品

华莱士·D. 沃特尔斯（Wallace Delois Wattles）向世界介绍了积极思想的力量，他倡导人们从改变自己的思想开始，改变自己的生活。本书收录了他的四部经典中篇作品《成就梦想》《成就财富》《成就伟人》《成就健康》。这四部作品讲述了如何从潜意识深处改变自我，塑造吸引力，成就更好的自己。四部经典之作组合起来正好构成幸福人生的四大支柱。

《成就财富》（又译《失落的致富经典》）是其创作的作品中最受欢迎的一部。正如沃特尔斯本人在书中所说，该作品献给所有追求财富者。这部图书，曾不断再版，对于当今想创造财富的人来说，无疑是有益的入门读物。它所揭示的财富原则，影响了很多人。朗达·拜恩还受该作品的启发，撰写出了畅销书《秘密》，该作品也因此被人称为《秘密》背后的“终极秘密”。《成就财富》是专为那些希望获得物质成功的人而写，《成就健康》则是专门献给那些希望拥有强健体魄的人，那些希望获得一本实用健康手册的人。沃特尔斯以清晰明了的语言，为读者阐释了健康法则，以及如何使用这一法则来获得健康。

沃特尔斯曾投身于哲学研究，研究了如笛卡尔、斯宾诺莎、莱布尼茨、叔本华和黑格尔等哲学家的理论，并将自己的想法与之融合。他亲身实践了本书所写的法则，使自己的生活有了很大的转机，于是开始著书立说，分享他的成功经验。当然，限于其出生的文化背景及年代，他的作品内容上难免也存在一些局限性，大家阅读时应注意鉴别吸收。沃特尔斯主要倡导人们应感恩所拥有的事物，对生命和大自然怀有敬畏之心，顺应环境以成就自我。他希望读者以崭新的、更为宏观的方式看待财富、健康与疾病，保持积极乐观的心态，做出对自己有利的各种选择。

本书中，沃特尔斯并没有赘述那些晦涩深奥的哲学理论，而是以一种循循善诱的方式，将财富观、致富观和健康观娓娓道来。相信通过阅读这本书，你能得到的不仅是财富和健康，更重要的是生活的意义。

目 录

第一部
成就梦想

人类的才能是用来获得成功的工具。少数人之所以成功，是因为他们有效地运用了这个工具，而大多数人虽然同样具有良好的才能，却失败了，那是因为他们对自己的才能运用得并不到位。成功者的身上有某种东西，使其能够有效地去运用自己的才能。在通往成功的路上，所有的人都必须对这种东西加以培养。

第 1 章　成功是什么

如愿以偿即为成功。成功是结果，源自对原因的运用。无论境况如何，成功大致都是相同的，不同的是成功之人的心中所愿，而不是成功本身。成功基本上是相同的，无论是获得健康、财富、发展还是地位。成功是成就，无论所成就的是什么。类似的因总是产生类似的果，这是自然规律。因此，既然无论境况如何，成功都是相同的，那么各种境况下的成功原因就必须也是相同的。

成功的原因始终都在成功者身上。因为如果将成功的原因归于大自然，归于成功者身外，那么处在类似地方的所有人都会成功。成功的原因并不在于个人周围的环境，因为如果是这样的话，在特定半径范围之内的所有人都会取得成功，而成功与否就完全在于你是否住在附近。但我们可以看到，所处环境几乎相同的人、住在相同地方的人会表现出不同程度的成功与失败。因此，我们知道成功的原因在于个人。

所以，如果你能够找出成功的原因，将其发展到足够的程度，并适当地运用于你的工作中，那么你也会取得成功。如果在任何地方发生了任何形式的失败，要么是因为运用不充分，要么是因为运用不恰当。成功离不开你心中的某种能力。心理成长是没有止境的，你可以提高这种能力，使其强大到足以使你去做自己想做的事，进而得到自己想得到的东西。而当它强大到足以使你学会如何将其用于工作时，你便更容易获得成功。你所要了解的是，什么是成功的原因和如何对其加以运用。

培养工作中使用的特殊才能，这是不可或缺的。我们并不指望没有经过音乐才能培养的随便什么人都能成为成功的音乐家，而期待一个技工不经机械才能培养就取得成功、一个牧师不经宗教理解力和语言运用才能培养就取得成功或一个银行家不经金融才能培养就取得成功，这是荒谬的。在选择职业时，应当选择需要运用你最强才能的职业。如果有品位和才能，可以将各种色彩和织物组合成为漂亮的装饰和服装，就不要去学打字或速记。应当选择能够发挥你最强才能的职业，竭尽全力来培养这些才能。但即便如此，也并不足以确保成功。

有些人具备良好的音乐才能、出色的机械能力、深深的虔敬之心、流利的语言运用、敏锐和具有逻辑性的头脑，但是他们作为音乐人，作为木匠、铁匠或技工，作为牧师，作为律师等却终究一事无成。你在工作中所运用的特殊才能是你所使用的工具。但是成功并不仅依赖拥有良好的工具，而是更多依赖使用和运用工具的能力。务必要确保你的工具是最好的，且处在最佳状态，这样你才能将任何能力培养至任何所需要的程度。

运用音乐才能带来音乐方面的成功；运用机械才能带来机械方面的成功；运用金融才能带来银行业务方面的成功；等等。而运用这些才能的或者使这些才能得到运用的就是成功的原因所在。才能是一种工具，而工具的使用者是你自己。而在你身上能够使你以正确的方法并且在正确的时间和地点去使用这些工具的，就是成功的原因。那么在人身上使人能够成功地运用自己才能的东西究竟是什么呢？将在下一章进行阐明。

在此之前，请树立起牢不可破的信念：相信自己能成功。是的，你能。

吸引力法则

让你成就财富、成功与健康的秘密法则

如果你仔细研读了上述内容，你就会确信你能成功。而确信自己能够成功是取得成功的一大前提。

第 2 章 思想与意识——成功的利器

人类的才能是用来获得成功的工具。少数人之所以成功，是因为他们有效地运用了这个工具，而大多数人虽然同样具有良好的才能，却失败了，那是因为他们对自己的才能运用得并不到位。成功者的身上有某种东西，使其能够有效地去运用自己的才能。在通往成功的路上，所有的人都必须对这种东西加以培养。

问题是：那是什么呢？

很难找到一个确切的词来表达它，叫它“泰然”吧，它又不仅仅是泰然，因为泰然是一种状态，而这种东西既是状态，又是行动；叫它“信心”吧，它又不仅仅是信心，它既是一种自觉的能力，又是一种主动的意识。我们把它叫作“能力意识”。

能力意识指的是：你知道自己能够做某件事情并知道如何去做。如果你明白你能够成功，并知道如何努力，那么成功就已经在你的掌握之中了。因为如果你知道自己能够做某件事情和如何去做，并且付出了努力，你就能做成。当你具有全面的能力意识时，你就会以一种绝对成功的心态去对待眼前的任务。每个想法都将是成功的，每个行动都将是成功的，这样的话，你所有行动的总和就是成功的。

我在本书中所要做的就是：教会你如何培养自己的能力意识，以便让你明白你能够做到你想做的事情，同时还要教会你如何去做到你想做的事情。

请再看一遍上一节，上一节已通过无可辩驳的逻辑证明了你能够成功，并且说明了别人头脑中有的，你头脑中都有，区别只是在于发展。在大自然中，所有的事物都是在发展的，成功的因素就在你身上，并且是能够充分发展起来的，你必须相信你是有可能成功的。但是，相信自己能成功还不够，你还必须知道自己能成功。潜意识和意识都必须知道这一点。有这样一种说法："认为自己能行，你就行"，其实不然；"知道自己能行，你就行"，也不正确。因为潜意识往往会把意识已绝对知晓的东西完全搁置一旁，不予理会。但是，"潜意识知道自己能行，你就行"，这倒是真话。人们之所以失败，是因为他们在客观上认为自己能够做到，但是在潜意识上不知道如何去做，而且有可能在潜意识中一直怀疑自己是否有能力取得成功。必须消除这些怀疑，否则它们就会遏制你的发展。

潜意识是运用才能的能力源泉。如有任何怀疑，就会使这种能力受到压抑，行动就会软弱无力。因此，你的第一步必须是给你的潜意识留下这种印象：你能行。这必须通过反复暗示来实现。请大家每天在睡觉前做以下的脑力训练：安静地冥想，想象潜意识心态渗透了你的全身，就像水渗透海绵一样；然后带着热切的感情说："我能够成功！凡是对任何人来说是可能的事情，对我也一样可能！我是成功的！我的确成功了，因为我充满了成功的能力！"一遍一遍地重复，直到你的内心被一种领悟完全充满，即你能够做到你想做的事情。你能做到的，其他人做到过，通过努力，你也能取得成功。

将以上自我暗示坚持不懈地练习一个月，你将会发现自己身上有了那种东西，那种能够让你做到你想做的事情的东西。这样，你就为阅读下一章做好了准备，第 3 章将告诉你如何着手去做你想做的事情。但是，要记住，你应当首先把这种"我能行"的领悟牢牢地印在你的潜意识中，这是必不可少的。

第 3 章　好的方法令你事半功倍

在将“我能够做到我想做的事情”这一自信的想法充满自己的内心之后，接下来就是方法问题了。如果掌握正确方法的话，你是可以做好很多事情的。但是，哪种方式才是正确的？

有一点是肯定的：想获得更多，就必须对你现有的东西加以建设性地运用，而你没有拥有的东西，你是无法使用的。因此，你的问题是如何对你已拥有的东西进行建设性的运用。不要浪费任何时间来考虑将有的东西，只需考虑如何运用你现有的东西。如果你对自己现有的东西进行最完美的使用，你的进步就会更加迅速。事实上，你进步的快慢取决于你的运用是否完美。很多人之所以停滞不前，或者进展十分缓慢，就是因为他们仅仅是在对现有的手段、能力和机遇加以部分运用。

以下这个类比能比较形象地说明问题：在进化过程中，松鼠将自己的跳跃能力发展到了极致。而后，它们为前行所做的继续努力的结果是产生出飞鼠[①]，前后肢间有宽而多毛的飞膜，让自己能够滑翔一段距离，从而超出普通一跃的范围。只需通过对功能加以完善和延伸，就实现了从一个发展层面到另一个发展层面的转变。如果松鼠没有不断地越跳越远，就不会有飞鼠，也不会有飞行能力。松鼠因对跳跃能力的建设性运用，从而得以飞行。如果你

① 编者注：据现代研究，飞鼠为松鼠科鼯鼠族，但不能证明是由松鼠进化而来。

的跳跃仅仅达到了自己能力的一半，你就永远也不会飞。

按照这一原则，你只能通过超越现有层面才能够进步。你必须完美地做到现在能做的一切，然后你才有能力做你目前所不能做到的事情，这是所有生命的一条经久不衰的普遍规律。首先，要完美地做到你现在能够做到的一切，并坚持下去，直到做一件事情变得易如反掌，在做完之后还有剩余的力量。其次，你可以用这种剩余的力量去掌握更高层面的工作，并开始增强你与环境之间的和谐。

你应当进入一个能够发挥你最强才能的企业（即便要从最底层开始），然后你才能将这些才能发展到极致。同时应当培养自身的能力意识，以便你能够成功地运用自己的才能，完美地做好你在目前的位置所能做的一切。不要去等待环境发生变化。你获得更好环境的唯一途径就是对你现有的环境加以创造性地运用。这样才能够使你处在更加理想的环境之中。

如果你希望拓展自己当前的业务，应当记住，你实现这一目标的唯一途径就是以完美的方式做好你现有的业务。当你的精力对于完成你的业务绰绰有余时，那多出来的部分将会为你带来更多的业务。在你完美地完成你现在所必须完成的一切之前，不要去追逐更多的东西，因为得到了过多工作或业务却没有精力去完美地完成，是有害无益的。记住，只有把你本职的工作做得完美，才有机会拓展你的领域，使你接触到更大的环境。

要记住，使你能够得偿所愿的原动力是生命力。因此，你可以通过运用一条普遍规律来得偿所愿，这条规律就是：每当某种生物体已经能够在某个特定层面完美生存的时候，过剩的生命力就会将该生物体提升至下一个更高的层面，而所有生命力都是遵循这条规律不断发展，去获得更加充分的表现的。你如果能够将自己充分地投入当前的工作中，来出色地完成工作，那么你的过剩能力将使你的工作延伸至一个更大的领域。此外，你还应当记住自己想要些什么，这也是必不可少的，只有这样你的过剩能力才能被用于正确的方向。

对于自己所要实现的目标应当形成清晰的概念，但是不要让自己所要实现的目标干扰你目前必须出色完成的工作。了解自己心中的愿望，可以激励你将精力最大限度地用于当前的工作中。现在要为了将来而活着。假设你的愿望是开一家百货商店，但你的资金只够摆一个花生摊位，那么就不要急着用摆花生摊的资金来开百货商店，而是应当先从花生摊开始，并充分相信自己能够将其发展成为百货商店。把花生摊仅仅看作百货商店的开始。要让它成长壮大起来。你能做到。

通过建设性的方式运用你现有的业务来获得更多的业务；通过建设性的方式运用你已有的朋友来获得更多的朋友；通过建设性的方式运用你现有的职位来获得更好的职位；通过建设性的方式运用你家中已有的爱来获得更多的家庭幸福。

第 4 章　认清自己

只有将自己的能力应用于工作和环境之中，你才能获得你想要的东西。通过获得能力意识，你可以成功地应用自己的才能；而通过专注于今天的工作并完美地完成目前所能完成的一切，你可以不断地进步。只有将自己的全部精力都集中在建设性地使用目前所拥有的事物上，你将来才能够获得你想要的东西。对今天环境中的要素进行漫不经心的使用对于明天的成就来说是致命的。

不要期望去获得超出你当前能力的东西，但是要确保你得到今天所能够得到的最好的东西，而绝对不要退而求其次。如果你始终都能够获得你所能够获得的最好的东西，你就将继续获得越来越好的东西，因为生命力会不断发展，去获得更多的生命力，并使用更多和更好的东西，这是自然的一条基本原理。正是这条原理引起了进化。但是，如果你满足于退而求其次，你往往就会停滞不前。

生活中每一笔交易和每一个关系，无论是商业的、家庭的还是社会的，都应当成为你的积淀，以便你在未来能够获得你想要的东西。为此，你必须使其中的每一项都拥有绰绰有余的生命力。你所做的每一件事情都必须留有余力。正是这种剩余的能力促成了进步，使你能够获得自己想要的东西。而如果没有剩余的能力，就没有进步和成就。正是超出了现有环境中各项功能范围的剩余的生命力引起了进化，而进化就是通过进步来获得更多的生命力，或者获得你想要的东西。

假设你正从事某个行业或某项职业，希望加强自己的业务。如果你在销售商品或服务时，仅仅是将其作为一种并无多少兴趣的交易，在收了客户的钱之后，为其提供物有所值的商品，让他在离开时感到你对于这件事情并无任何兴趣，不过是和他进行了一次公平交易并从中获利而已，这是不行的，这说明你已经出问题了，并且正在退步。如果你能够使每个客户都觉得你是真正在努力去为他的利益着想，并且爱自己的职业，你的业务就会实现增长。为此，并不需要提供超过他人的赠品或给予更高的重视或更好的价值，只需将活力和兴趣投入每一笔交易之中即可，无论交易有多小。

如果你想改变职业，可将现有业务作为获得理想业务的一块垫脚石。只要你还在从事现有业务，就应当使其充满活力，然后过剩的活力就会趋向于你想获得的业务。对你在工作或社交过程中遇到的每个男人、女人和小孩都应抱有热情，真诚地希望他们万事如意。这样他们很快就会开始认为你的进步是他们所感兴趣的事情，他们会为了你的利益而集思广益。这将形成对你有利的动力来源，为你开通前进的道路。

如果你是一名雇员，希望获得提升，那就应当将活力注入你所做的每一件事情之中，用绰绰有余的活力和兴趣来充满每一件工作。但是不要屈从，千万不要溜须拍马。我这话是针对那些利用不道德行为、贪污、不诚实行为或任何形式的恶行而受聘的人。应该尊重自己，对所有人都要绝对的公平。将活力注入每一个行动和思想中，坚信自己有权获得升职，只要你每天都能够在现有岗位上游刃有余，机会就会来临，如果不是来自你的现有雇主，也会来自另一雇主。凡是能够在自己现有岗位上游刃有余的人都应当获得晋升，这是一条规律。如果没有这条规律，就不会有发展和进步。但是，请注意以下内容。

仅仅将过剩的活力注入业务中是不够的。如果你虽然是个好商人或雇员，但是个坏丈夫、不公正的父亲或不值得信赖的朋友，那么你将不会有大的进展。你在这些方面的失误将会使你无法把自己的成功用于改善生活，所以就无法从此项规律中获益。有很多人虽然在业务方面达到了该规律的要求，却不能进步，就是因为他们对自己的妻子不好，或者在某些其他生活关系方面有所缺失。为了能够从这种发展力量中获益，你必须完善处理每一种现有的关系。一个电报员希望摆脱键盘，去经营小型农场。于是他开始通过对太太“好”来朝这个方向努力。他对她“大献殷勤”，但是对自己的愿望只字不提。太太从一开始的多少有些无动于衷，到后来变得有兴趣了，而且乐于帮忙。他们很快就在镇子边缘获得了一小块地，由她来饲养家禽并照看菜园子，而他则继续“敲击键盘”。现在，他们拥有了一个农场，他实现了自己的愿望。通过将活力和兴趣注入你所有的关系之中，你不仅可以获得妻子的配合，还可以获得身边其他人的配合。

要将绰绰有余的活力渗入每个关系中，无论是业务关系，还是家庭或社会关系；要充满信心，也就是具有能力意识；要明白自己将来想要获得什么，但同时还要拥有今天所能够获得的最好的东西；在任何时候都绝对不要满足于退而求其次，但同时不要将精力浪费在目前所不能获得的东西上；竭尽所能来提高自己的以及你的亲朋好友的生活质量。通过运用这些行动准则，你能够得偿所愿，因为宇宙的构造就是为了使得万物共同来为自己的利益发挥作用。

第5章 一切为我所用

财富文化包括对你所在环境中的人和物进行具有建设性的使用。

首先，心中要清楚你想得到什么。如果目前的行业或职业不是最适合你的能力和口味的，你可以选定最适合的行业，并决定从事该行业或职业，以

便取得最大的成功。要清楚地了解你想要做些什么，并在心中对该行业或职业的最大成功形成一个概念。其次，确定你要达到什么目标。多花些时间来形成这个概念，它越清晰、越明确，你的工作就会变得越容易。不是十分肯定自己想要什么的人所搭建的结构将会是摇摇欲坠的。

要了解你想要什么，并将目标图景保存在头脑里，就好像你房间墙壁上的一幅画，日日夜夜始终都留在你的意识之中。然后开始向目标迈进。记住，如果你现在还没有充分开发的才能，你可以在迈进的过程中来开发。你肯定能够做到自己想做的事情。

非常可能的是你之所以目前还不能做到自己想做的事情，是由于你并未处在适当的环境之中，也没有必要的资金。但是这并不妨碍你朝着适当的环境迈进，并开始去获取资金。记住，你只有去做在目前的环境中能够做到的事情，才能够向前迈进。假设你的资金仅够用于经营一个书报摊，而你最大的愿望是拥有一家百货商店，那就不要认为会有什么神奇的办法，使你能够凭借开书报摊的资金来成功地经营一家百货商店。不过，有一种心理方法，你可以用它来经营一个新的书报摊，并能够使其发展成为一家百货商店。把你的书报摊看作你打算拥有的百货商店的一个部门，然后再将精力集中在百货商店上，并开始吸收其余的部分。最终你会得到它的，如果你能够使每个行为和思想都具有建设性。

为使每个行为和思想都具有建设性，每个人都必须传递进步的理念。在头脑之中牢牢地抓住有关进步的理念，并且知道自己正在不断进步，以此来实现自己的理想。你的言谈举止都要反映出这种信心。然后，每句话和每个行动都将向他人传递有关进步和增长的理念。他们会被你吸引。时刻都应记住，所有人都在追求进步。

首先，研究什么是与财富有相关的事，直到你明白你也拥有财富，而不需要从别人那里获得该财富。应避免攀比。你很容易就会明白，你无须去抢夺任何他人的，因为你所拥有的已经足够了。其次，在明白你想得到的东西之后，就应当看到你只有通过采取行动才能够得到它。而你只能针对你目前的环境采取行动，不要试图现在就针对未来的环境去采取行动。再次，应记住，在针对你目前的环境采取行动时，你必须使每个行动本身都获得成功。而在此过程中，你必须明确自己想要得到的是什么。而只有在心里清楚地了解你想得到什么之后，你才能坚持这个目标。最后，还应记住，你必须毫不动摇地相信自己能够得偿所愿，否则你的行动就没有动力。

对于自己想得到什么应形成清晰的了解，坚持目标以便去得到它；做一切事情都要完美无缺，而且要有主人的思维；毫不动摇地坚信你最终能够实现自己的目标，你一定能够进步。

第二部
成就财富

人生的目的就在于人自身的发展，只有当物质的获取成为可能的时候，寻求自身发展的权利才是不可剥夺的。人生的权利意味着人有权利用物质，这些物质可能是思想、精神和身体最大限度发展的必需品，换句话说，就是致富的权利。

引文

这是一本实用的操作手册。它是专为那些最迫切需要财富的人准备的，他们希望先致富，再将自己的致富经验理论化。它也是为那些想跳过一切致富法则的摸索过程，直接将成功果实作为行动基础的人准备的，因为他们到目前为止既抽不出时间，又找不到方法，也遇不到机会去深入研究这些法则。

我希望读者能像认同马可尼和爱迪生的电学理论那样认同本书中所述的基本观点。认同这些观点，他们才会为证明它们的真实有效而毫不犹豫、无所畏惧地执行，进而实现致富。

一生万物，万物归一。这就是说，“本源”是以看似多元的物质世界表现出来的。这一思想既是所有东方哲学理论的基础，也是笛卡尔、斯宾诺莎[①]、莱布尼茨[②]、叔本华、黑格尔和爱默生哲学理论的基础。

想对这种哲学基础进行深入研究的读者，可以读读黑格尔和爱默生的著作。

---

① 斯宾诺莎：（1632—1677）荷兰哲学家，作品有《笛卡尔哲学原理》《神学政治论》《伦理学》《知性改进论》。

② 莱布尼茨：（1646—1716）德国数学家、物理学家、历史学家和哲学家，历史上少见的通才，和牛顿同为微积分的创建人。

在写本书的时候，我力求语言简洁平实，让所有人都能读懂。书中提到的行动计划，就是从这一哲学结论中演绎出来的，它已经受住了实际检验——结果是：确实可行。如果你想在实际操作中收获他们的理论果实，就请好好读读这本书吧。

第 1 章　致富的权利

无论人们如何赞美贫穷，实际情况都是：衣食无忧会让你过上真正充实和成功的生活，你才能使自己的天赋和心灵得到高度发展，因为要达到这个目的，你必须利用很多物质，而用钱才能买到这些物质。

人需要利用物质来发展心智和身体。人用钱来获取物质，这是一种社会法则，因此优化生活的一切基础都有赖于致富法则。

人生的目的就在于人自身的发展，只有当物质的获取成为可能的时候，寻求自身发展的权利才是不可剥夺的。人生的权利意味着人有权随心所欲地利用一切物质，这些物质可能是思想、精神和身体最大限度发展的必需品，换句话说，也就是致富的权利。

在这本书里，我不会以一种具象的方式来阐述致富法则，因为真正的富裕并不意味着仅满足于“一点点”。没有人会满足于“一点点”，只要他可以利用或者享受更多。自然的真谛就在于生命的进步和发展；而每个人都应当致力于活得强大、雅致、美满和富足，只满足于“一点点”的人是可悲的。

一生中能拥有一切所想之物的人可以称为富人，而囊中羞涩的人就不可能拥有所想的一切。随着生活水平的提高和生活内容的复杂化，为了寻求美满的生活，即使是普通人也需要大量财富。每个人都本能地希望过上自己向往的生活，迫不及待地期待着那一天的到来，而这种实现欲望的愿望根植于人类的天性之中。

人生的成功往往意味着过上自己想要的生活。只有合理运用“物质”，才能达到这个目标，而只有足够富裕的时候，你才能更好地使用“物质”。因此，掌握致富法则是学习其他知识的基础。

向往富裕是无可厚非的。向往富裕，也就是向往一种更加富足的生活，这种愿望是值得称赞的。人要是没有这种愿望就不正常了，要是不希望有足够的钱来购买想要的一切也是不正常的。

我们生活的动机有三种：第一是为温饱，第二是为心智，第三是为精神。三种动机相近，没有高低之分，且如果三者——身体、心智和精神——当中任何一者没有另外两者的支持，都无法得到充实。如果忽略心智和身体而仅为精神而活并不是高尚的，而是错误的；而忽略身体和精神，仅为心智而活，也是不对的。

我们都知道只为身体享乐而忽略心智和精神需求所带来的恶果；我们认识到，充实的生活意味着身体、心智和精神的全面发展。不管别人怎么说，除非一个人的身体、心智和精神都健康了，他才能感到真正的快乐和满足。只要他有什么意愿未得到实现，或者有什么能力未得到发挥，他的欲望也就得不到满足。因此，“欲望”即可定义为：意愿的实现和能力的发挥。

如果没有丰盛的食物、舒适的衣服和温暖的住所，并且免受辛劳之苦的话，人的身体便得不到满足。对身体来说，休息和娱乐也同样是必需的。

如果没有书籍或者没有时间读书，没有机会旅行和见世面，或者没有智者为友的话，他的心智也得不到满足。要得到心智上的满足，他必须不断学习，并置身于能够使用和欣赏的艺术及美好的事物当中。要得到精神上的满足，他必须有爱，但贫穷会致使他无法表达心中之爱。

人最大的幸福，是在向他所爱的人提供富足的物质生活时获得的，因为“爱”的最本能和最自然的表现便是“给予”。那些没有任何东西可以给予的人，也就无法履行“丈夫”“父亲”“公民”“人”的职责。在使用物质的过程中，人满足了身体需要，发展了心智，拓宽了精神世界。因此，对人类来说，致富具有至高无上的重要性。

只要你是正常人，有致富的欲望完全没错，这是一种再正常不过的现象。聚精会神地研究《致富的科学》也是一种完全正确的做法，因为这是高尚、必需的学问。不重视它就是在推卸责任，因为只有全力致富，才对得起大自然和人类。

第 2 章　致富有道

致富的科学是存在的，甚至可以说它是一种类似于代数和算术的科学。支配致富进程的是一些特定的规则，我们只有了解并遵循这些规则，才能找到致富之路。

只有以“特别的方式”行事，无论是有意还是无意，才能获取金钱和财富；要是不按照这种“特别的方式”行事，无论多有能耐、干得多卖力，都无法脱贫。这是一种类似于因果关系的自然法则，因此，任何人只有学会以这种“特别的方式”行事，才可能致富。

以上观点的正确性表现在以下方面：致富与环境无关。如果致富与环境有关的话，身处某种环境的人都会致富，那样的话，某个城市的人都会成为富翁，而其他小镇里的人却都成了穷人；或者某个州的居民都变成富人，而毗邻州的人却都变成了穷人。但是，我们在任何地方都能看到富人和穷人比邻而居，他们身处同一环境，而且有时从事着同一种工作。两个人身处同一环境，从事着相同的工作，一人致了富，而另一人继续当穷人，这就说明致富与环境无关。也许环境有好坏之分，但当两个人在同一环境下从事同样的工作，一人事业有成，而另一人穷困潦倒，这就说明致富是遵照“特别的方式”行事的结果。

此外，以这种“特别的方式”做事的能力也不只与天赋有关，因为许多天赋极高的人仍然很穷，而其他天赋贫乏的人却获得了财富。在对致富之人的研究中，我们发现他们的每个方面都很普通，在天赋和才能方面跟其他人相比别无二致，这就表明，他们并不是凭借别人没有的天赋和才能，而是凭借当初恰巧采取的"特别的方式"致了富。

致富与节俭无关，有许多十分节俭甚至吝啬的人，却始终没能致富，也没有找到致富的途径。

致富也与行业无关，因为两个从事同样工作的人往往做着极其相似的事，一人致了富，而另一人仍然贫穷甚至破产。

综上所述，我们应当得出这样的结论：致富是以"特别的方式"行事的结果。

如果说致富是以"特别的方式"行事的结果，并且因果相连的话，那么只要遵照这种方式行事就能致富，这也是遵从精密科学的必然结果。

说到这里，问题就来了，是不是这种"特别的方式"太难，以至于只有少数人可以坚持执行呢？从天生的条件方面看，事实并不是这样：天才致富了，笨蛋也致富了；聪明的人致富了，愚钝的人也致富了；身强力壮的人致富了，体弱多病的人也致富了。当然，一定的思考和理解能力是必需的，但只要与能阅读和理解这本书的人能力相当就足够了。

我们已经知道，致富与环境无关。地域可能与致富有点关系，因为我们不能指望在撒哈拉沙漠中心能做成什么生意。要致富，就必须与人打交道，必须置身于这些人当中。要是他们以你喜欢的方式跟你打交道，那就再好不过了。但这跟环境一样，并不是致富的决定因素。

我们还知道，致富与行业的选择无关。每行每业都有人致富，而同行的其他人却仍然贫穷。在喜欢的行业里你会做得最好，这一点是毋庸置疑的。

如果你有某种成熟的天赋，你会在需要发挥这些天赋的行业里有出色的成绩。此外，你在与环境相符的行业里也会有出色的成绩，比如冰激凌店开在气候温暖的地方会比开在格陵兰岛生意好，而鲑鱼饲养场开在不产鲑鱼的地方会比开在水产丰富的地方生意好。

但是，抛开这些普遍的限制因素，致富并不取决于你是否从事某种特定的行业，而取决于你是否学会以“特别的方式”行事。如果你现在从事某种行业，跟你身处同地域同行业的人致了富，而你不能致富，那是因为你没有以与他们相同的方式行事。

缺乏资本并不能阻止一个人致富。的确，如果你有资本，致富就更快更容易；可是，有资本的人已经是富人了，就没必要再去考虑怎样致富了。无论你有多穷，只要按照这种“特别的方式”行事，你就能致富，也会有资本积累。你也许是这块土地上最穷的人并且负债累累，你也许没有朋友，没有影响力，也没有人际资源，但只要按照积极的方式行事，就有致富的可能，因为有因必有果。如果没有资本，你会获得资本；如果入错了行，你也能正确转行；如果选错了地域，你也能转移到对的地域去。所以，现在就在目前的事业、所处的地域，遵照致富的“特别的方式”行事吧！

第 3 章　人人有创造财富的权利

贫穷，不是由于别人抢走了你的机遇，也不是由于别人将财富据为已有，并在财富周围筑起高墙。也许通往某些领域的大门在你面前关闭，但另一扇门又会向你开启。你可能很难在传统铁路行业里游刃有余，因为这一领域早已被人垄断。但地铁行业却在萌芽阶段，还为各种类型的创业提供了大量机会。此外，短短几年以后，空中交通也将成为一大行业，它的各类衍生行业也将为成千上万人甚至几百万人提供就业机会。你为什么不能放弃与铁路大亨的争夺，将注意力转移到航空业上去呢？

时代不同，机遇也不同，这取决于社会发展的特定阶段和全社会的需求。例如，在某个时代下，机遇存在于农业及其关联行业。那么，为农民供应商品的商人与跟农民打交道的人，就比为工人供应商品的人与服务于工人阶级的人面临着更大的机遇。因此，顺应潮流的人往往比反潮流的人拥有更多机遇。

因此，工厂里的工人，无论从个体还是从阶层的角度看，他们的老板和行业巨头都没有剥夺其机遇。作为一个体，他们只能原地不动的原因：没有按照“特别的方式”去做事。如果工人选择这种“特别的方式”行事，就能像比利时等地的工人那样，建起大型百货商场和互助机构，还能从本阶层当中选举一些人来担任管理者，通过有利于互助机构发展的立法，几年后，他们就会顺利地取得工业领域的垄断地位。

只要能以“特别的方式”行事，工人们也能成为主导，因为致富法则对所有人来说都是一样的。他们必须学会以这种“特别的方式”行事，如果墨守成规，他们还将寸步难行。然而从个体来看，他可以不被其所在阶层的无知和思想懒惰所束缚，而是追随致富的机遇，这本书将告诉他如何去做。

贫穷不是由致富机遇的短缺造成的，因为每个人都有太多的致富机遇。世界上制造出来的建筑材料，足以为地球上的每个家庭修建一座像国会大厦那么大的宫殿；通过精耕细作，各个国家还能生产出足够的毛、棉、麻和丝，让世界上的每个人穿得比所罗门还好，同时还能生产出充足的食品供他们随意享用。事实上，可见的供给并不会枯竭，而不可见的供给同样源源不断。

没有谁的贫穷是由自然界的贫乏造成的。自然界是人类取之不尽用之不竭的仓库，这种供给永远不会枯竭。当现有建筑材料耗尽的时候，更多新品种将被生产出来；当地力耗尽，粮食和用于生产衣服的农产品无法生长的时

候，土地将得到更新，更多的土地会被创造出来。

人类也是如此。从物种来看，人类总是过着殷实的生活，如果说某些个体未能脱贫的话，那是因为他们没有按照致富的“特别的方式”行事。生命的本能是活得更充实，智慧的本能是不断拓展，而认知的本能是扩大疆界和寻求更全面的发挥。宇宙万物是由无形的活性物质构成的，它们之所以各有其形，是为了充分发挥自己的作用。

宇宙是一个巨大的生命体，它总是本能地向生命体更繁茂、更能发挥自己各项功能的地方前进。自然也是为生命体的进化而存在的，其存在的动力是增强生命力。因此，它可以慷慨地提供有利于生命体的一切，这也是供给与贫穷无关的原因。

第 4 章　创造财富的首要法则

我们生活在一个思想的世界，有形物质的每一种思想，都能促使本体的进化，但这种进化总是（或者通常是）伴随着已建立的发展和运动进行的。人就是一种思想的中心，人也能创造思想。人创造出的一切有形物质必然是其思想的结晶；他必定是先想出某件物体的模样，才可能将它造成那种模样。但是，现在的人们已将自己的创造力完全局限于已经创造出来的事物上了。他们仅在有形物质上付出劳动，希望改变和修正它们，却从未想过用自己的思想去创造出新的有形物质。我已说过，人们是通过以“特别的方式”行事来致富的，而要以“特别的方式”行事，必须学会以“特别的方式”思考。

我们做事的方式，是我们思考方式的直接结果。所以，要想用你所希望的方式去做事，就必须具备用你所希望的方式去思考的能力，这是致富的第一步。要思考你想思考的内容，就要思考“本质”而不是“表象”。每个人天生就具备以自己希望的方式进行思考的能力，但要做到这点必须付出极大努力，因为人们往往根据“表象”而不是“本质”去思考。根据“表象”去思考很容易，但根据“本质”去思考却很困难，这需要付出更多精力。

对大部分人来说，任何精力的投入，都没有以这种方式始终如一地思考更让他们退缩，这是世界上最艰难的工作，尤其是当事物的表象与本质相矛盾的时候。有形世界里的每一种表象，都会在观察者的思想里产生相应的印象。要避免这一点，只能坚持对事物本质的思考。

对于贫困表象的观察，会在我们的思想中产生相应的印象，除非你能坚持思考其“本质”：世界上没有贫困，只有财富。在疾病表象的干扰下想到健康，或者在贫困表象的包围中想到富裕，这需要付出努力。但任何具备这种能力的人都成了智者，他们能逐渐征服命运，并拥有想要的一切。

第 5 章　丰富生活

你必须抛弃一些陈腐的观点：例如，应该当穷人，或者应该一直穷困潦倒。作为一种有生命有意识的物质，必定具有与每个生物体相同的天性和内在欲望，那就是生命的生生不息。每一个生命体必定不断寻求生命体的增长，因为生命在纯粹的生存活动中，必须生生不息。

一粒种子落入土壤，开始茁壮成长，成熟以后它会养育出更多的种子。智慧的本源也同样需要生生不息。我们的每个想法都促使自己必须衍生出另一个想法，意识就是这样进行持续拓展的。我们认识到的每一个事实都会引导我们去认识另一个事实，知识就是这样持续增长的。我们培养的每一种天赋都促使我们去培养另一种天赋，我们就是这样在生命力的推动下寻求自我发展的，这种动力永远鞭策我们去认识更多、实践更多、成就更多。

为了认识更多、实践更多、成就更多，我们就必须拥有更多。要拥有更多，我们就必须利用物质。我们必须致富，才能更充实地生活。

追求财富的欲望，简言之就是延伸的生命力寻求更大发展空间的能力；每一种欲望都是一种潜能的展现，它希望展现出欲望的动机。你想得到更多财富的动机跟植物想生长的动机一样，这就是生命的本质：寻求更全面的发展空间。这就意味着你必须向往真正的生活，而不是感官满足。生命就是人体每个功能的正常运转，只有这样，人才能真正地活着。这些功能包括身体、思想和精神，但任何一个功能都不能超常运转。

你致富不只是为了享受思想之乐，不只是为了获得知识、满足野心、超越他人、成就功名。所有这些都是生活的合理组成部分，但任何只为了思想之乐而生活的人，其生活也是不完整的，即使拥有再多，也无法让自己满意。

你致富不只是为了他人的利益，不只是为了“拯救人类”而牺牲自己，也不只是为了体验博爱和自我牺牲所带来的快感。精神之乐只是生活的一部分，并不比别的部分更美好、更高尚。

你致富是为了能让自己享受味蕾之乐，并让自己在这个过程中获得快乐，让自己置身于美好的事物当中。你可以去遥远的国度游历，充实自己的思想，发展自己的才智，这都是为了去爱别人，为别人做善事，为帮助人们发现真理做出贡献。

但是，请记住：极端的利他主义并不比极端的利己主义高尚，这两者都是不对的。

你必须摒弃竞争的思想。你应该去创造，而不是争夺已经创造出来的东西。

你并非一定要从别人那里夺走什么。

你并非一定要达成精明的交易。

你并非一定要去欺骗或利用他人，你也不需要通过廉价剥削的方式让别人为你工作。

你并非一定要去妄想别人的财产，也不必望眼欲穿地盯着它们。别人有的东西，你也可以有，但不能通过争夺的方式获取。

你将会成为一个创造者，而不是竞争者；你将得到想要的一切，但如果参与争夺，等你得到的时候，别人得到的也已经比当时更多了。

那些通过竞争取胜的富人永远无法知足，他们的成功也不会长久；财富很可能在今天属于他们，明天又会属于另一个人。请记住，如果你想以某种科学的方法致富的话，务必彻底打消争夺的想法。你千万不要认为物质的供给是有限的，否则，你就从创造性思想落入竞争性思想，你的创造力就会渐渐消失；更糟糕的是，你还可能中断已经开始的创造性行动。

不要只盯着可见的供给，要知道，只要你做好接收和使用它们的准备，它们立刻就会到来。即使有人可以囤积可见的供给，也无法阻止你得到应该属于你的东西。所以，不要认为在你准备好修建自己的房子之前，所有最好的地块都已被拿走，除非你要赶工期——类似的想法，永远也不要有。永远不要惧怕他人的成功会占有整个地球。你不是在追求别人所拥有的东西，而是在促使你想要的东西创造出来，而这种创造是无限的。

第 6 章　如何获得财富

当我说“你并非一定要达成精明的交易”的时候，我并不是指你不应该做任何生意，或者你不必跟你的朋友做生意。我是指你不应该跟他们做不公平的生意，不应该“空手套白狼”，而应该给予比他们给予你的更多。你不能给他们现金价值更高的，但你可以给他们使用价值更高的。这本书所用的纸张、墨水等材料也许不值你为之付的钱，但如果书中的观点能带给你一大笔财富，卖这本书给你的人就不是占你便宜了，他们只索取了少量的现金价值，却给了你巨大的使用价值。

现在让我们来做个假设：我有一幅著名画家的画作，这幅画在文明社会的市场价为数千美元。我把它带到了巴芬湾，推销给一位因纽特人，让他以一捆价值 500 美元的皮草换取它。如果是那样的话，我无异于占了他的便宜，因为那幅画对他来说毫无用处，也就是毫无使用价值，不能提高他的生活水平。

不过，假设我以一支价值 50 美元的枪交换他的皮草，那对他来说就是一笔好交易了。枪对他来说是有用的，因为它能给他带来更多皮草和食物，还能从各个方面提升他的生活水平，也能为他带来财富。

当你从竞争性思维转化到创造性思维的时候，你就能以十分严肃的态度来审查每笔生意了，当你卖给别人的东西的使用价值不如别人卖给你的时，你可以中断这笔交易。在生意场上，你不必打击任何人。如果你这么做了，最好立刻脱身。

当你从别人那里获得了现金价值时，请回馈给别人更多的使用价值，那样你的每笔交易才能为提高人们的生活水平作出贡献。

如果你有了雇员，并且付给他们薪水，你就应该从他们那里得到比薪水的现金价值更多的东西。你可以以这种方式来经营你的生意，这样才能将前文提到的“发展”原则付诸实践，而且，每位寻求“发展”的雇员也能每天进步一点。

你可以让雇员在公司经营中学到“发展”的原则，就像这本书让你在阅读过程中学到这一原则那样。以这种方式经营生意，才能为每位敢于承担责任的雇员提供一把通往致富的梯子。机会已经给了他们，如果他们不往上爬，那也不是你的错了。

此外，你将从无处不在的思想里激发财富的创造力，因此，财富不会直接在环境里成型并出现在你眼前。如果你想得到一台缝纫机，你应该想象它的形象，以最乐观的态度坚信你一定会得到它或者即将得到它了。形成这样的愿景之后，你应该立刻树立最坚定的信念：我会得到这台缝纫机，而且这种信念不该有丝毫动摇。要是你住在缅因州，也许会有个来自得克萨斯州或日本的人跟你做笔交易，让你得到这台缝纫机。如果是这样的话，你跟那人在这笔交易上就达成了双赢。

思想中充实生活、提高生活水平的欲望已经促成了所有缝纫机的产生，还能促成亿万台缝纫机的产生，而且，只要有人以欲望和信念与本源产生互动，并且以“特别的方式”行事的话，还会有无数台缝纫机产生。既然你家里可以有一台缝纫机，当然也可以有其他东西和你想要的一切，你用它们来提高自己和他人的生活水平。

所以，你不必犹豫，而是大胆地要求更多、更好。

你应该做的分内之事，就是专注于那个愿望。

对多数人来说，这是一个难点。他们墨守成规，认为贫穷是命中注定的一部分，是自然必需的，因为物质供给已经陷于贫乏境地了。他们坚持这种错误观点，以至于羞于追求财富。他们不想去追求更多，只得到少许就足以让他们心满意足了。

我记得，一名学生得到了这样的教导：必须将自己想得到的东西在头脑中构成清晰的图像。他原本生活拮据，住在租来的房子里，每天只有少得可怜的薪水，他无法相信一切财富都属于他这个事实。深思熟虑之后，他认为可以合理地为自己的一间房要一块新地毯，再要一个可以在寒冬取暖的无烟煤炉。遵循这本书的指导，他在几个月内得到了这些东西。从那以后，他明白过来，自己当初要的并不够。他把自己的居所仔细观察了一下，思忖着把房子重新装修一番：为这儿增加一个窗，为那儿增加一个房间，直到头脑中出现一个理想的家，然后他开始构想添加什么家具。

当整个画面保持在头脑中以后，他开始以“特别的方式”生活，朝着他想达到的目标前进，他现在拥有了一幢房子，并正在按照他的构思装修。如今，他更加坚信书中所述的观点，继续去追求更美好的东西，这一切都按照他的信念实现了。对你、对所有人来说，也会如此。

第 7 章　以特别的方式思考

请回到第 6 章，再读读那个在心中构想自己房子模样的人的故事，读完之后，你就会对致富的第一步有明确的概念，你必须在思想中为想要的东西勾画出清晰明确的图像。

仅仅对想要的财富有一种宏观的欲望“去行善”是不够的，因为每个人都有这种欲望。

仅仅希望去旅行、去见识、去活得更充实也是不够的，因为每个人都有这种欲望。如果你打算给朋友发送一条信息，你既不会发送一串字母，希望他自己去组织信息，也不会从词典中随机选择词汇去组织信息。你会发送的，是某种表意清晰的句子。如果你只有未成型的愿望和含糊的欲望，你永远无法致富，也无法使创造的力量行动起来。

观察自己的欲望，就像我所描述的那个人观察他的房子一样。看看你想要什么，然后去构造一个清晰的愿景，这个愿景就是你将来得到它时你希望看到的样子。

然后，你必须牢记这种清晰的愿景，就像驾驶船只的水手，要将他的目的港牢记于心。你必须紧盯着它，就像舵手紧盯着罗盘一样。

你不必专门练习如何去集中注意力，不必专门花时间去以祈祷的方式来确定这种愿景，不必苦思冥想，也不必使用什么特技。这些都没错，但你所需要做的一切，是知道自己想要什么，并且这种欲望足够强烈，以至于在思想中挥之不去。

用尽可能多的时间去思考你的愿景，并专注于你真正渴求的某件具体事物上，对它你可能并没有真正在意，但它恰恰需要你的专心致志。

除非你真的想致富，这种欲望才能像指南针一样将你的思想直接引向目标。如果你的欲望不够强烈，你也就没必要尝试本书给出的致富法则。

这里提出的致富法则是为那些致富欲强烈得足以克服思想上和行动上的

好逸恶劳的人准备的。因此，头脑中的愿景越是清晰明了，你就越能坚持信念，并能构想出一切令人愉悦的细节，让这种欲望也变得越强烈。你的欲望越强烈，你就越能坚守愿景。

不过，除了怀有清晰的愿景，你还需要做一些事。如果你只做到了以上所述，你不过是个做白日梦的人，几乎没有取得成就的能力。在有了清晰的愿景之后，你还必须知道如何去实现它，把它变成有形的表现形式。知道了如何去实现它以后，你还必须有不可动摇的信念，相信它已经是你的，并且“唾手可得”。

你可以想象居住在新房子里的情景，直到你真正身处其中。你可以在想象中享受拥有它们时的快乐。想象你想要的东西一直都在你身边，想象你正拥有和使用它们，就像它们真的是你的有形资产一样。思考你的愿景，直到这种愿景变得清晰明了，然后在想象中拥有愿景中的一切，并且确信它们就是你的。但是，不要像梦想家和空想家那样想象，你应该坚定这样的信念：想象正在实现，而坚定信念的目标就是实现想象。请记住，在运用这种想象的过程中，把科学家和梦想家区分开来的就是信念和目标。明白这个事实之后，你还需要了解如何正确运用“意志”。

第 8 章　如何驾驭意志

在以科学的方法致富的过程中，你不必将自己的意志力作用于自身以外的任何事物上。

而且，你也没有权利这么做。

将意志用在别人身上，让他们去成就你想成就的事也是错误的，用思想的力量去迫使别人做事跟用物理力量去迫使别人做事同样错误。如果用物理力量来强迫别人为你做事，就是把他们贬成了奴隶，用思想的手段来强迫他们也会产生一样的结果，两者唯一的区别只是方法不同而已。如果使用物理力量从别人那里夺走东西是“掠夺”，那么使用思想力量同样也是“掠夺”，两者在本质上并没有区别。

你无权对别人使用你的意志力，即使你是“为了他们好”，因为你并不真正了解对别人来说什么才是“好”。致富的法则不需要你把任何形式的力量或武力用在任何人身上。将你的意志运用于别人身上只会使自己的目标受挫。

你不必将意志作用于物体，迫使它们来到你身边。

要想致富，你只需将自己的意志力作用于自身。

当你知道该去想什么、做什么，你就能运用意志迫使自己去想、去做正确的事。运用意志支持自己按照正确的道路前进，这是在获得自己所想的过程中对意志的正确用法。你应该利用意志迫使自己以“特别的方式”思考和行动。

将你的思想保持在自身范围内，因为它在自身比在别处更能有所成就。

用你的思想为自己想要的东西构建一个愿景，然后用信念和目标支持这个愿景，用意志使自己的思想按照正确方法工作。

你的信念和目标越稳固、越持久，你致富的速度就越快，因为你会只把积极的影响施加于思想，使之不受负面影响的冲抵。

随着影响的蔓延，万事万物都开始朝着“实现”运动。有生命的、无生命的甚至尚未创造出来的事物，都开始朝着“实现”运动。一切力量都开始作用于“实现”的方向，万事万物都开始向你移动。各地人们的思想都会受到影响，开始去做必要的事情来满足你的欲望，无意识地为你工作。

但是，如果你给思想造成了负面影响，结果又会如何呢？怀疑会导致一切远离你的目标和信念。大多数试图运用意志致富的人之所以失败，就是因为不明白这一点。如果你时刻把注意力集中在怀疑、恐惧和担忧上，就会产生一种切断你和思想联系的作用力。只有坚持信念，你的欲望才能实现。

坚持信念是首要的，因此你必须守护自己的思想。由于你所观察和思考的事物在很大程度上会对信念的形成产生影响，掌控自己的注意力也就具有重要意义了。

由于人是以意志来决定自己的注意力应该集中在哪里的，因此，如果你能掌控自己的注意力，意志就会发挥作用。

如果你想致富，你就一定不能去研究贫穷。

考虑事物的反面是无法促使事物形成的。研究和考虑疾病不会得到健康，研究和考虑罪恶不会促成正义，也没有人通过研究和考虑贫穷而致富。

千万不要提到贫穷，不要去研究它，也不要考虑自己会变得贫穷。

别去关注贫穷是怎样形成的，你与贫穷毫不相干。

需要你关注的是怎样脱贫致富。

我并不是说你应当冷酷无情，并且拒绝听到对物资的乞求声，而是说你千万不要试图以任何传统途径来根除贫穷。把贫穷抛到一边，把一切与贫穷有关的东西都抛到一边吧，你应该去创造“好的”东西。

先让自己富起来，再去帮助穷人，这是最好的扶贫方式。

如果你满脑子都是关于贫穷的画面，你就无法坚持能让你致富的愿景了。

要消除贫困，在很多时候，更好的办法是将富裕的画面植入穷人的头脑中，引导他们致富。

拒绝将悲惨画面植入思想并不意味着你要嫌弃穷人。要消除贫穷，主要靠的不是增加思考贫穷问题的富人，而是增加怀有致富信念的穷人。

穷人需要的不是施舍，而是激励。施舍只能让他们在潦倒的时候有块面包吃，不至于饿死，或者给他们一些消遣，让他们在一两个小时里暂时忘记困境，但激励却能让他们脱离困境。如果你想帮助穷人，就告诉他们穷人也能致富，并且以你自己的致富事实来证明这个道理。

消除贫穷的最佳途径，就是大量并持续地增加经过积极探索、实践而致富的人。

必须教导人们以创造而非竞争的方式来致富。

靠竞争致富的人是在推倒自己借以致富的梯子，也将别人抛在身后；但靠创造致富的人却为成千上万跟在身后的人开辟了一条致富之路，并鼓励他们沿着这条路走向富裕。

拒绝同情贫穷、观察贫穷、了解贫穷、思考贫穷、谈论贫穷或听别人谈论贫穷并不是淡漠无情的表现。我们应该用意志的力量把贫穷阻挡在思想之外，并坚持致富的信念和目标。

第9章　进一步发挥意志的作用

如果你总是将注意力转移到贫穷的画面上——尽管它们是客观而虚幻的，你都不可能坚持清晰真实的致富愿景。

如果你过去在经济上遇到过麻烦的话，请不要谈论它，而且根本就不要去想它。不要讲述你父母如何贫穷或者你早年的生活如何艰辛。做任何诸如此类的事，都会在心理上暂时把自己界定为穷人，这必定会阻止欲望的实现。因此，请把贫穷和与贫穷有关的一切都彻底抛在身后吧！

也许有不少现存事物都令人厌恶，但它们正在走向消亡，研究它们又有什么用呢——而且这种研究只会阻止其消亡并将其保留在我们周围。当你有责任并且只能以推进进化过程的方式加速其消亡的时候，为什么要把你的时间和注意力放在进化过程中被取代的事物上呢？

不论这种情况在其他国家、地区和地方看起来多么可怕，如果你关注它们，就是在浪费自己的时间，破坏自己的机会。

你的关注点应该是整个世界的富裕趋势。

你应该关注的是这个世界正在走向富裕，你应该牢记，有助于世界变得富裕的唯一途径，就是通过创造性而非竞争性的方法让自己富起来。

你应该忽略贫穷，将一切关注点集中在财富上。

当我们想到或提到穷人的时候，应该想到他们即将成为富人，并且以祝贺而非怜悯的口吻来谈论他们。这样的话，他们才能受到鼓舞，并开始谋求致富的出路。

虽然我说过，你应该把全部时间和想法都用于致富，但我绝对不是要你变得唯利是图。致富是你一生能够实现的最崇高的目标，因为它涵盖了许多美好的事物。在这个充满竞争的世界上，只有超越别人才能致富，但当我们有了创造性思维的时候，就能改变一切。只要充分发挥聪明才智，努力奋斗，就能致富，但这一切都有赖于对物质的利用。

如果你的身体不太健康，你会发现健康是以富裕为条件的。只有那些不为经济烦恼，有办法活得无忧无虑的人，才能健康常驻。

只有超越为生存而竞争那一阶段的人，才能精神愉悦；只有以创造性思维致富的人，才能超脱竞争的恶劣影响。如果你追求的是精神上的幸福，请记住，爱在有崇高思想的地方才能传递得越广泛、越迅速。因此，只有以创造性思维而非争斗或竞争致富，你才能拥有精神上的幸福。

我再重复一遍，唯有致富才是伟大而高尚的目标，你必须将注意力集中在致富的愿景上，并抛开一切可能模糊或遮掩这一愿景的因素。

有的人依然贫穷，是因为他们忽略了自己也能致富这一事实，因此，你的致富才是他们致富的最好教材。另一些人贫穷的原因在于他们明白有致富的出路，但懒惰的心智阻碍了他们用思想和意志去寻找和探索这条出路。因此，你最好向他们展示富裕所带来的幸福，以激发他们的欲望。

你能为整个世界做的最大的好事就是让自己获得尽可能多的财富。

请每天阅读这本书，将它带在身边，牢记它的教诲，并且不要在其他“体系”和理论上枉费心思——如果这样的话，你就会心生疑虑，还可能与成功失之交臂。

致富以后，你也可以去研究其他理论体系，只要你愿意。但是在你确定自己已经得到了想要的东西之前，请不要去读其他研究致富的书籍——前言中提到的那几个作者的论著除外。你只需去读世界新闻中最乐观的评论，因为这些内容与你的愿景相符。

现在，让我们对本章及前章所述观点做一小结：

第一，思想能够创造出其想到的形象。

第二，人可以在思想中构造物质的形象，并以思想影响行动，便能创造出想象中的具象物质。

第三，为了创造出这种具象物质，我们必须从竞争性思维转为创造性思维，必须就自己的欲望形成一种清晰的愿景，保持这种愿景，坚定目标和信念，抵御一切可能动摇目标、摧毁信念、模糊愿景的事物。

第四，我们必须以“特别的方式”生活和行动。

第 10 章　以特别的方式做事

思想是具有创造性的力量，思想也是促使创造性力量行动起来的推动力。以“特别的方式”思考，你就能致富，但不能只依靠思想而忽略行动——这是导致许多持有其他理论的思想家“触礁翻船”的原因。

人不能只思考，还必须以行动去支持思考。

思想的力量能将山峦深处的黄金推向你，但黄金不会把自己采掘出来，对自己进行提炼，将自己铸造成金币，然后一路滚动，奔进你的口袋里。你的思想能够让你调动身边的一切，最终把你想要的东西带给自己。但你必须规划自己的行动，当想要的东西到来时，才能正好接到。不要认为这是一种施舍或偷窃。你给予别人的使用价值必须超过他们给予你的货币价值。

科学地使用思想：将欲望形成一种清晰的愿景，坚持目标，并以信念去实现它。

我已经在前面章节中充分阐释了思想在致富过程中的运作方式：你的信念和目标会使愿景对思想产生积极的影响。从你那里接收到的愿景会促使所有创造性力量开始按照惯常的轨道工作，而这些轨道的终点是你。你该做的不是去指导或监督这个创造性进程，而是坚守愿景、坚持目标和保持信念。

但是，你必须以“特别的方式”行事，这样你才能在事物到来的时候辨别出哪些是你的，才能将它们摆在正确的位置上。你会真切地看到这个过程，当它们来到你身边的时候，还在别人手里，但这些人会要求以它们来做等价交换。只有给予别人属于他们的东西，你才能得到属于自己的东西。

但是，这本书并不能让你不费吹灰之力就得到取之不尽的财富。思想和行动必须相结合，这是致富法则当中至关重要的一点。许多人有意或者无意地用欲望驱使创造性力量的行动，因此致富，而另一些人在自己想要的东西到来时，不能为别人提供任何东西，自己也就一无所获，因此依然贫困。

思考能带给你想要的东西，行动能让你得到想要的东西。

无论你怎样行动，显而易见的是，你必须现在就开始行动。你无法在“过去”行动，你应该从思想上摒弃“过去”，这对明确愿景是必要的。你无法在“未来”行动，因为“未来”尚未到来。而且，对于“未来”的突发事件，除非它已经发生，否则你并不知道应该如何采取行动。

如果你没有从事合适的事业，或者没有身处合适的环境，不要认为自己一定要等待，直到转入了合适的事业或环境之后才开始行动，也不要把时间花在考虑未来可能发生的紧急事件上，你应该相信自己应付紧急事件的能力。

如果你行动在当下而想到的却是未来，你在行动时就会分心，就毫无效率可言。所以，你一定要专注于当前的行动。

在你有了创造性思想后，不要坐享其成，如果这样的话，你永远也得不到想要的东西。现在就开始行动吧！现在就是行动的时候！如果你打算为接收想要的东西作准备，现在就必须开始了。无论你如何行动，这种行动必须基于目前的生意或职业，并施加于目前环境中的人和事。你无法在所处环境之外行动，无法在过去所处的地方行动，也无法在将来要去的地方行动，而只能在现在所处的地方行动。

不要担心昨天的工作做得是好是坏，只要把今天的工作做好就行了。不要尝试现在去做明天的工作，等到明天，你会有足够的时间去做它。

不要在行动之前空等环境为你改变，而要通过行动来促使环境为你改变，你现在就可以这么做，将自己转移到更好的环境中去。

在更好的环境中坚持信念和目标，全心全意地、全力以赴地将行动施加于环境。

不要浪费时间去做白日梦，坚持你的愿景，现在就采取行动。

不要四处寻找什么新鲜事做，或采取奇怪而异常的行动作为致富的第一步。至少在一段时间内，你很可能会继续做已经在做的事情，但现在就要开始以“特别的方式”去做这些事，只要这么做了，就一定能致富。

如果你正从事某个行业的工作，但觉得这个行业并不适合自己，不要等转换行业之后才开始行动。不要因自己身处错误的行业或职位而感到懊悔和沮丧，只有经历了这种“错误”，才能找到真正适合自己的。

坚信自己一定能从事合适的行业或工作，坚持这种愿景、目标和信念，但在目前的工作上就应该采取行动。利用目前的工作，把它作为谋求更好工作的手段；利用目前的环境，把它作为进入更好环境的手段。你希望从事合适的行业或工作的愿景，如果能通过信念和目标来保持，将会促使本源帮助你达到，如果你同时以“特别的方式”采取行动，也会帮助你实现自己的愿景。

如果身为雇员的你感到自己必须更换工作才能得到自己想要的东西，那就不要一味空想，因为这无济于事。

你的愿景和信念会驱动创造性力量将喜欢的工作带给你，而你的行动会促使当前环境中的力量把你推向喜欢的工作。现在让我们加入一条法则，作为本章的结语：

第一，思想能够创造出其想到的形象。

第二，人可以在思想中构造物质的形象，并能创造出想象中的具象物质。

第三，为了创造出这种具象物质，我们必须从竞争性思维转为创造性思维，必须就自己的欲望形成一种清晰的愿景，保持这种愿景，坚定目标和信念，抵御一切可能动摇目标、摧毁信念、模糊愿景的事物。

第四，为了在想要的东西到来时能得到它，我们必须现在，就在当前的环境下对周围的人和事采取行动。

第 11 章 有效的行动

你必须按照前面章节中的理论运用自己的思想，并在自己身处的地方去做能做到的一切。

只有岗位得到晋升，才能实现自我发展。如果无法完成现有工作，也就无法在目前岗位上有所发展。只有当人们超越了当前的角色要求时，这个世界才能进步。如果人们都不能胜任当前的角色要求，一切都会退步。那些不能胜任角色要求的人会成为社会、政府、工业和贸易的负担，他们只有被别人搀扶着才能走下去，而别人必须为之付出极大的代价。如果人不能胜任自己的角色，社会就无法进步，因为社会进步是由物质进化和思想进化推动的。

每一天要么是成功的一天，要么是失败的一天。如果你能得到自己想要的，这一天就是成功的。如果每天都失败，你就无法致富；如果每天都成功，你就一定能致富。如果某件事你本来可以今天完成，实际上却没有完成，那这一天对你来说就是失败的，其后果可能比你想象的更糟糕。

即使是最微不足道的行动，你也无法预见其后果；你并不了解为你而投入运行的全部力量能做什么，许多力量可能是因为你采取的某些简单的行动而开始运行，可能恰好是它们为你创造了重要机遇，因此，你忽略的或者没做到的小事，可能就会严重耽误你欲望的实现。

所以，每天都做完当天能完成的一切吧。

不过，你必须注意以下几点：

不要为了在尽可能短的时间内做尽可能多的事而过度操劳或草率行事。不要试图今天就把明天的工作做完，或者在一天内把一周的工作做完。重要的不是你做事的数量，而是你做事的效率。

每项行动或者成功，或者失败；每项行动或者有效率，或者没有效率。每项没有效率的行动都是失败的，如果你把生命浪费在无效率的行动上，你的人生也是失败的。如果你的行动都是无效率的，你做得越多，对自己的危害也就越大。

另外，每项有效率的行动本身就是一次成功，如果你的每项行动都是有效率的，你的整个人生也必定是成功的。

失败的原因在于以无效率的方法做了太多事，而以有效率的方法做的事却不够多。

如果你不做任何无效率的事，并且做了足够多有效率的事，你就能致富，这一点是显而易见的。如果可以让每项行动都有效率，你会再次看到致富被简化成一门像数学一样严密的科学。

因此，你是否能让每一次行动都成功，就成了关键所在。你一定能做到这点，因为一切力量都在跟你一起工作，它们不可能失败。它们都是为你服务的，你只需要加入自己的力量，就能使每次行动都富有效率。

你的每项行动或强或弱，但当每次行动都强而有力的时候，你就是在以“特别的方式”行动，并最终走向富裕。

坚持自己的愿景，这样你就能使每项行动都强而有效，与此同时，你还要把信念和目标的全部力量置于其中。在这一点上失败的人就是由于他们分离了思想力量和个人行动。他们在这一时间地点运用思想的力量，却在另一时间地点实施行动。因此，他们的大部分行动都是无效的，从整体来看也是不成功的。但如果一切力量都参与了你的每项行动，无论这项行动多么平凡，都能取得成功。由于每一次成功都为下一次成功开辟了道路，你得到所想的进程以及所想朝向你的进程都会加速。

请记住，成功的行动是逐步累积的结果。由于一切事物都有充实自身的内在欲望，当人们开始向更丰富的生活前进的时候，更多事物会为之吸引，其欲望的影响力由此倍增。

所以，每天都要完成当天能做的一切，还要使每项行动都富有效率。

无论在实施多么琐碎或平凡的行动时，你都必须坚持自己的愿景。这不是要你随时都必须关注愿景最微小的细节，而是要你在闲暇的时候想象愿景当中的细节，对它们进行深入的思考，直到在你记忆中打下烙印。如果你想加速成功，就请花费所有闲暇时间去进行这一实践吧。

通过持续思考，你就能使自己的欲望变成愿景，这一愿景包含了甚至最微不足道的细节，它牢牢地根植于你的思想中。埋头于工作的时候，你只需从思想上参照这种愿景，以此激励自己的信念和目标，促使自己尽力为之奋斗。闲暇的时候，你应该深入思考这一愿景，直到它渗透到你的全部意识，这样你就能立刻将它掌握。它的美好承诺会使你踌躇满志，你只要一想到它，就能激发出自身最强大的力量。

让我们再次重复一下前面学到的致富法则，并将本章学到的知识加至结尾。

第一，思想能够创造出其想到的物质。

第二，人可以在思想中构造物质的形象，并能创造出想象中的具象物质。

第三，为了创造出这种具象物质，我们必须从竞争性思维转为创造性思维，必须就自己的欲望形成一种清晰的愿景，并且在信念和目标的支持下，以有效率的行动去完成当天能完成的每一件事。

第 12 章　进入适宜的创业领域

任何事业的成功，在某种程度上都取决于是否具有从事该事业所需要的才华。

如果没有音乐方面的才华，就不可能成为一名成功的音乐教师；如果没有机械方面的才华，就不可能在机械工作上取得巨大成就；如果既没有才智也没有经营能力，就不可能在商业上取得成功。但具备了从事某种事业所要求的才华，也并不能确保你能致富。有的音乐家拥有非凡的天赋，但仍然贫穷；有的从事铁匠、木工等工作的人，虽有杰出的能力，却没能因此致富；有的商人虽有做生意的优秀才能，却没能有所成就。

各种能力都只是工具。我们必须拥有精良的工具，但也必须以正确的方式使用它们。某人能用利锯、标尺、刨子等工具打造出一件精致的家具，另一个人也可以用同样的工具打造出一模一样的家具，但质量很糟糕，这是因为他不懂得如何有效地使用这些精良的工具。

你的各种天赋是致富过程中必须运用的工具，如果你正从事能发挥自己天赋的事业，你就更容易取得成功。

一般来说，你会在能将自己的才华发挥到极致的事业上做得最好，这种事业最迎合你的天赋。但是，能迎合自身天赋的事业并不局限于某一种或者某几种。

你能够在任何事业上致富，因为即使不具有合适的天赋，你也可以培养那种天赋，这不过意味着你要一边前进一边打造自己的工具，而不局限于使用生来就有的工具。如果已经拥有了从事某项事业所需的成熟天赋，你就更容易成功，但你也能培养出某些基本的天赋，因此也能在任何事业上取得成功。

你在最适合的事业上最容易致富，但在最想做的事业上的成功能获得最大的满足感。

生活的意义就在于做你想做的事，如果被迫永久地去做某件你不喜欢做的事，或者永远做不了想做的事，生活也就失去了意义。你当然能做自己想做的事，这种欲望证明了你有做这件事的天赋。

欲望是能力的证明。

演奏音乐的欲望是演奏能力寻求表现和发展的证明；发明机械装置的欲望是机械天赋寻求表现和发展的证明。

只要有欲望，就有成熟或者未成熟的能力；如果这种欲望很强烈，就证明相应的能力也一定很强大，它要求得到正确的运用和发挥。

你最好选择自己天赋最适合的那种工作，但如果你有强烈的欲望去从事其他工作，你就应该把它作为第一目标。

你能做想做的一切，从事最喜欢、最合适的工作是你的权利。

你没有义务去做不喜欢做的事，除非把它作为做喜欢的事的跳板。

如果过去的失误导致你今天置身于不喜欢的事业或环境中，你可能暂时不得不做自己不喜欢的事情，但你应该意识到自己现在所做的，是在为将来去做真正想做的事创造可能，这样的想法能让你心满意足地去做这些不想做的事。

如果你觉得自己从事的不是合适的工作，也不要仓促更换工作。一般情况下，最好的方法是逐步改善自己的事业或环境。

当机会来临的时候，只要你经过深思熟虑，认为机会有益，就不要害怕做出唐突的改变。但如果你还持有怀疑，就不要匆忙改变。这是一个充满创造力的世界，机会随处可见，因此你不必急躁。

摒弃了竞争性思维，你就能明白为什么自己不必仓促行事了。没人会在你想做的事情上捷足先登，机会对每个人来说都是足够的。如果一个空缺被占据，不久后会有另一个更好的空缺等着你。时间多得很，如果你心怀疑虑，那就先等等看。等待的时候，你应该回头思考自己的愿景，增强信念、增加目标。

失败源于仓促行事、行事时心怀疑虑或者忘记了正确的动机，最后一种原因居多。只要以“特别的方式”行事，你就会遇到越来越多的机会，这时

你必须坚持信念和目标。

每一天都有效率地去做你能做到的一切，但做的时候不要仓促，不要感到担心或害怕。行动要尽可能快，但不要匆忙。

请记住：从你开始匆忙的那一刻起，你就不再是创造者，而是沦落为竞争者，这是一种倒退。

每当你发现自己行色匆匆时，请停下来，把注意力集中在自己的愿景上，因它正在实现而诚挚地感恩。感恩会永远增强你的信念，更新你的目标。

第 13 章　财富积累的印象

无论是否更换目前的工作，你的行动必须顺应这一工作。通过对目前工作的建设性利用，并以“特别的方式”来处理每天的工作，你就能得到自己喜欢的工作。

由于你的工作内容包括与他人打交道，无论是面对面交流还是通过邮件等方式联系，你的一切努力必须给他们留下你在不断进步的印象。

“进步”是全人类的追求，也是自然界内在的要求。一切人类活动都基于“进步”的欲望。人们寻求更丰富的食品、更多的衣服、更好的居所、更奢侈更美好的生活、更广博的知识、更愉悦的享受，这一切都是生活的“进步”。每一个生命体都有不断进步的需求，进步一旦停止，生命就立刻死亡。

人类生来就明白这个道理，因此他们永远都在寻求“更多”。正常的追求财富的欲望并不是罪恶的、受谴责的，这只不过是为了追求更充实的生活。出于本能，人类都会被能够赋予他们充实生活的事物所吸引。

按照前文所述的“特别的方式”行事，你就能持续进步，也能把这种进步带给跟你打交道的人。

你是一个创造的中心，进步就以这个中心向周围的人传播。

请相信这一事实，并把这个信念传递给身边的每个人。无论你们的交易是多么微不足道，哪怕只是卖给小孩子一个棒棒糖，也要把进步的思想纳入其中，并确保顾客能够感受到它。

要通过自己做的每一件事来传递进步的影响，让每个人都感受到你是一个正在进取的人，你也在推动所有与你打交道的人取得进步，甚至是无意中遇到的与生意无关的人。

你可以通过不可动摇的信念——你正在进步——来传递这种影响，让这种信念激励、充实和渗透每一项行动。坚信自己正在进步，并且也在推动别人进步，带着这种信念去做每一件事。相信自己正在致富，并在这个过程中让他人致富，这样就能把好处带给所有的人。

不要夸耀或吹嘘自己的成功，真正的信念不是夸来的。自夸的人实际上是心怀疑虑和恐惧的人。你只需去感受信念，让它在每件事中发挥作用。让自己的行动、语气和表情都表现出你非常确信自己正在致富或者已经变得富有。这种感觉不需要用语言来传达，因为你的面貌会让别人感受到这种进步，他们会因此被你吸引。

你必须以这种方式来影响别人，让他们感受到，与你合作会使他们得以提升。他们会看到，你给他们的使用价值大于你从他们那里拿走的货币价值。

带着真诚的自豪感去做这些事，让每个人都了解这一点，这样你就会客源不断。人们会向着促使他们进步的地方前进，无数陌生人会向你走来。你的业务会快速增长，你会对不曾预料的利益感到惊讶。你的生意会越做越大，利润也越来越多，也就能涉足更多自己想从事的行业。但在做事的过程中，千万不要忘记自己的愿景，也不要失去信念和目标。

我在这里要给你一个关于动机的忠告：不要去追求凌驾于人的权力。

对野蛮而偏执的人来说，统治别人能为他们带来最大的乐趣。为了获得自我满足而追求统治权的欲望，已经成了这个世界的祸根。在无数时代里，国王发动的扩张统治的战争使大地浸透了鲜血，这不是为万物寻求更充实的生活，而是为他们自己寻求更大的权力。

今天，人们发展商业和产业的主要动机也是一样的：人们为争夺统治权，统率着货币大军摧毁了亿万人的生活和心灵。那些商业巨头就像国王一样，被追求权力的欲望所驱使。

请当心以下欲望：希望成为权威或“主宰”、希望高高在上、希望借挥霍来炫耀等。

希望成为“主宰”的思想也就是竞争的思想，而竞争的思想是与创造的思想背道而驰的。如果你的目的是掌控周围的环境和自己的命运，那就完全没有必要“主宰”他人。卷入竞争的时候，你就被命运和环境打败了，而致富也变成了投机。

请谨防单纯地竞争的思想！

对于创造性行动原则的最好阐释，就是我自己希望得到的，也希望每个人都能得到。

第 14 章　升华的人格

我在本章所陈述的观点，既适用于专业人士和打工者，也适用于商人。

无论你是医生还是教师，只要能让他人的生活水平得到提升，并让他们感受到这一事实，他们就会被你吸引，你就能致富。医生如果坚持“成为伟大而成功的医疗者”的愿景，在工作时坚持信念和目标，最终就能取得非凡成就，患者也会纷至沓来。

以充实人生的信念和目标来激励孩子的教师也一样，他们永远不会失去工作。任何持有这种信念和目标的教师，都会情不自禁地将其传递给学生。

对律师、牙医、房地产代理人和保险经纪人以及其他从事不同工作的人来说，情况也一样。

我所讲述的思想与行动相结合的理论是绝对可靠的，只要坚持执行，就一定能致富。生命进步的定律跟万有引力定律一样精密，因此，致富法则也是一门精密的科学。

打工者同样会发现这个真理。不要因为自己在工作上看不到进取的机会、因为微薄的收入和高昂的生活支出而感到没有机会致富，要在内心形成清晰的愿景，并怀着信念和目标行动起来。

做你能做的全部工作，每天都要如此。有效率地去做每一件事，把成功的力量和致富的目标投入一切行动中去。

但是在行动过程中，不要只想着取悦雇主，希望上司发现你干得好而提拔你，他们不大可能那样做。对雇主来说，那些在岗位上发挥着自己最大的能力并因此感到满足的“好员工”才是有价值的，事实上，他们的实际价值超出了岗位价值，但提拔他们却并不符合雇主的利益。

因此，为了获得提拔，你要做的不仅仅是在自己的岗位上干出一番成绩。

能获得提拔的人一定是能在当前岗位上干出一番成绩的人，也是对自己想达到的目标怀有清晰愿景的人，他坚信自己的愿景能够实现，也决心为之奋斗。

所以，不要试图以超越目前岗位的行动来取悦雇主，而要在工作内外都坚持“进步”的信念和目标，以自我发展来取悦雇主。让跟你打交道的每一个人——无论是工头、工友还是熟人——都感觉到从你身上散发出来的“进步”之力，他们会被你所吸引。如果当前的工作让你无法提升，你也会很快遇到新的工作机会。

思想从来都会把机遇带给遵守致富法则的进取之人。

你身处的环境中没有任何事物可以导致你失败。如果你在钢铁行业不能致富的话，你可以在一个 10 英亩（约 40468.6 平方米）的农场致富；如果你开始以“特别的方式”行动，你就必定能从公司的“魔爪”中脱身，去到农场或者任何想去的地方。

采用这种思考和行动的方式，你的信念和目标就会让你很快看到改善自己境况的机遇。

不要坐等“理想的”机遇来实现你所向往的一切。当更好的机遇出现，而你感到自己正被推向它时，就要抓住它，这是获得更大机遇的第一步。

只要人生在进步，世界上就不乏提供给他的机遇，所以，你应该认真研读这本书，自信地按照它的指导去行动，相信最终会获得成功！

第三部

成就伟人

每个人身上都有一条能力法则。通过明智的方式来运用和管理这条法则，人可以发展自己的智力。人具有一种内在的能力，可以朝着自己所希望的任何方向成长，而这种成长的可能性似乎没有任何限制，万事皆有可能。天赋就是指人所具备的超强能力。伟人之所以超乎常人，是因为他们具备无限的能力储备。

第 1 章　人人都有可能成为伟人

每个人身上都有一条能力法则。通过明智的方式来运用和管理这条法则，人可以发展自己的智力。人具有一种内在的能力，可以朝着自己所希望的任何方向成长，而这种成长的可能性似乎没有什么限制，万事皆有可能。天赋就是指人所具备的超强能力。伟人之所以超乎常人，是因为他们具备无限的能力储备。

我们不知道人的心理能力的边界在哪里，我们甚至都不知道是否存在边界。

低等动物不具备这种能力，这种能力是人类所独有的。低等动物一般可由人类来训练并培养，但是人类可以训练和培养自己，而且这种能力是可以发展的。

对人来说，生命的目的就是成长，就如同树木和植物的生命目的是成长一样。树木和植物的成长是遵循某种规律顺其自然的，而人的成长可以是随心所欲的。

树木和植物只能发展某些可能性和特点，而人类可以培养自己的各种能力。人能够想象到各种事物，而这种想象并非是不可实现的。

人应当不断成长、进步，这对于其幸福来说至关重要。没有进步的生活会让人无法忍受，而停止成长的人必定会变得低能或者神经错乱。人的成长越明显、越和谐，其幸福感就越强。

每个人的成长轨迹都是不同的。园丁在打理花园时会把清理出来的所有球茎都扔进同一只篮子里，在目光短浅的人看来，这些球茎都是一样的，但实际上它们成长起来后就会表现出极大的不同。人也是一样，他们就像一篮子的球茎。其中一个可能是玫瑰，为世界的某个黑暗角落带来色彩；一个可能是百合，让人们体会到爱情和纯洁；一个可能是攀爬的藤蔓，掩盖了某种黑色岩石的凹凸外形；一个可能是一棵巨大橡树，鸟儿在它的繁枝中间筑巢并歌唱，而羊群在中午时分到它的树荫之下休憩。表现虽千差万别，但每一个都是具有价值的、杰出的、完美的。

在我们的平凡生活中，只有想不到，没有做不到，每个人都可以不平凡。每个人身上都存在有待发挥的天赋。每个村子都有自己的伟人，都有在灾难面前挺身而出的领头人，都有出于本能而被视为聪明绝顶、目光如炬的人。

整个社区的人都会在当地发生危机之时向这样的人求助。他被默认为伟人。这些人平时并不起眼，但只要勇于担当，他同样能够胜任大事情。任何人都能够做到这一点，你也可以。能力法则为我们提供的恰恰是我们想从它那里得到的。如果我们只想承担小事情，那么它就只会提供做小事情的能力；但是如果我们试图以伟大的方式去做伟大的事情，那么它就会为我们提供所有的能力。

对待自己的能力，人们可以采用两种心理态度。一种是被动型的。持有这种心理的人就像足球一样，具有弹性，在受力时会有强烈的反应。但是无法开创任何事情，从来不会主动行动。这一类型的人受到情况和环境的控制，其命运由其身外的因素所决定，他们身上的能力法则完全没有真正的主动性，他们从来不会根据内心来讲话或行动。另一种是主动型的。能力对他们而言像流淌的泉水，不断从其体内流出；他们体内似乎有一口井，涌出的水成为永恒的生命力，对周围的环境产生深刻影响。他们身上的能力法则在不断地发挥作用，他们“本身具有生命力”。

具有自我主动性的好处不言而喻。上天设计的所有生活体验都是为了督促人来获得自我主动性，迫使他们掌控环境，不再成为受环境影响的人。在低级阶段，人受制于机会和环境，心中充满恐惧，其行为一般都是被动的，是抵抗环境压力或外人胁迫而做出的直接反应。此阶段的人创造不出任何东西。但是即便最低等级的野蛮人身上也存在能力法则，足以控制其所惧怕的一切。

以前并没有什么东西是他人独有而你没有的，也没有什么人的精神或心理能力超过你所能够达到的水平，或者做的事情是你所不能完成的。因而你能够心想事成。

第 2 章　遗传和机遇

你不会由于遗传原因而无法变得伟大。无论你的祖先是谁或是干什么的，也无论他们是多么没有文化或身份多么卑微，奋进的路始终在你脚下。无论我们从父母那里得到的心理资本有多么少，它都是能够增加的。没有人生来就是无法成长的。

遗传当然不能忽视。我们会遗传某些心理倾向，如怯懦或坏脾气等，这

类东西不应当成为你进步的绊脚石。如果发现自己身上有这些心理倾向，你可以设法将其消除，可以通过形成相反的思维习惯，用相反的性格特点来替换。比如可以用乐观的习惯来替换沮丧的倾向，克服怯懦或坏脾气等。

有人从骨相的角度考虑，认为一个人的颅脑构成会在很大程度上决定其在生活中的地位。这个说法并不准确。人的大脑中的不同部位掌管不同的天赋，这种天赋是根据其所在部位的活跃脑细胞的数量而定的。在大脑中所占部位较大的某种天赋在发挥作用时，其能力可能超过所占颅脑部位较小的天赋。因此，具有不同头骨构成形态的人都可能表现出音乐家、演说家、机械师等的才能。人们已经发现，带有大量细腻、活跃细胞的一小块脑组织同样能够使天赋才能得到有效的表达，丝毫不逊色于带有较粗糙细胞的较大块脑组织。人们还发现，通过训练大脑的任何部分来发展某种特定的才能，可以使脑细胞获得增长。你所拥有的任何天赋、能力或才能无论多么微小或者多么不成熟，都可能不断增加。你可以增加这个特定部位中的脑细胞，直到它能够按照你的要求来有效发挥作用。通过运用目前达到最高发展程度的天赋，你举手投足之间能够做到轻松自如。当你确立了某种理想并在此后朝着这个方向前进，你的所有能力都会变成实现该理想所必需的天赋才能。更多的血液和神经力量会进入大脑的相应部位，细胞的速度会加快、数量会加大。并非是大脑造就了人，而是人造就了大脑。

你在生活中的位置并不是由遗传来决定的，而且你也并不会因为环境或缺少机遇就被归于较低的阶层。人身上的能力法则足以满足其所有精神要求。如果人采取了正确的态度，并决心要崛起的话，环境因素就无法压制他。能力在促进人成长的同时也控制了环境，你身上的能力存在于你身边的事物之中。当你开始向前迈进时，身边的事物往往就会做出对你有利的安排，这些问题我在以下各章中还会提到。人存在的价值在于成长，而所有外部事物的存在都是为了促进其成长。人一旦唤醒了自己的内心并踏上前进之路，就会发现大自然、社会和他人都在支持他。如果他服从该定律的话，所有事物都会携手共同为他的利益而努力。贫困并非成为伟人的障碍，因为贫困始终都是能够克服的。马丁・路德孩提时代曾为了生存而在街头卖唱；自然主义者林奈研究学问的时候身上只有 40 美元，鞋子破了只能自己补，常常不得不向朋友乞食；休・米勒曾是一名石匠的学徒，是在一个采石场开始学习地质学的；曾是一名煤矿工人的乔治・史蒂芬森发明了蒸汽机车，是最伟大的土木工程师之一，他是在煤矿工作时觉醒并开始思考的；詹姆斯・瓦特的童年病患缠身，因身体太差而无法上学；亚伯拉罕・林肯曾是一个穷小子。在这些案例中，我们都看到人身上的能力法则使其摆脱了所有阻力和逆境。

你身上也有能力法则，如果能以某种方式很好地对其加以运用，就能够克服遗传因素，掌握相应情况与条件，变成一个伟大和强大的人。

第3章　能力的来源

人的大脑、身体、头脑、天赋和才能仅仅是其用来显示伟大之处的工具，这些工具本身并不能使人变成伟人。一个人可以有良好的头脑、强大的天赋和杰出的才能，却并不一定是伟人，除非他以一种伟大的方式对所有这些加以应用。使人能够以一种伟大的方式来运用其能力的那种特性可使其成为伟人。我们将这种特性称为智慧。智慧是伟大的根本基础。

智慧是一种能力，用来感知所要达到的最佳结果和达到这些结果的最佳

手段。它是感知所要做的正确事情的能力。一个人如果具备足够的智慧，知道什么是其所要做的正确的事情，具备足够的善心，只想去做正确的事情，并且具备足够强大的能力，能够去做正确的事情，那他就是一个真正伟大的人，可以在任何社会中被列为能力卓绝的名人，众人都会乐于向他表达敬意。

智慧有赖于知识。如果完全无知，就不会有任何智慧，也不会了解将要去做的正确的事情是什么。人的知识是较为有限的，所以，其智慧必定是较低的，除非他能够主动去获取新的知识，通过灵感来从中汲取自己尚未拥有的智慧。这是他能够做到的，而这正是真正伟大的人已经做到的。由林肯和拿破仑的经历可以具体说明这个道理：亚伯拉罕·林肯所受教育有限，但是他能够感知真理。在林肯身上，我们可以非常明显地看到，真正的智慧就是在任何情况下都知道所要做的正确的事情是什么，并且有足够的才能和能力去做正确的事情。在废除奴隶制以及和解期那些动荡日子里，人们对于什么是正确的事情以及应当做些什么往往感到茫然，而林肯却很明确。他看穿了赞成奴隶制的那些人的肤浅理由，也看出了废奴主义者的不切实际性和盲从；他看到了正确的目标以及实现目标的最佳手段。正是由于他的明智和对事物的准确预见性，人们才推选他当了总统。任何人如果培养起能够感知真理的能力，并且能够表明他始终都知道哪些是要做的正确的事情，都将获得荣誉和进步。整个世界都在急切地寻找这样的人。

林肯成为总统后，身边围满了大批所谓的超能顾问，但林肯和顾问总是难以达成一致的意见。有时，他们全都反对他的政策；有时，几乎整个北方都反对他提议要做的事情。但是，当其他人都被表象误导时，他却看到了真理。他的判断很少甚至从来没有失误的时候。当时，他既是最能干的政治家，又是最优秀的战士。他受教育程度不高，是从哪里得到这种智慧的呢？这并非是由于他的头骨构成很特别，或者由于他的大脑结构具有某种精细度，或者由于出色的推理能力所形成的头脑特性，因为推理过程并不一定会产生对真理的了解。那是由于一种精神洞察力，他感知了真理。

在拿破仑身上，我们看到了类似的现象。由于他感知了真理，因此他的信心和勇气使得各个地区的人在那场漫长且看似毫无希望的革命斗争中能够团结在一起。我们在拿破仑的非凡天赋中看到了同样的现象，他在军事事务中始终都知道应当采用哪种最佳手段。我们看到，拿破仑的伟大其实更多的是在大自然上，而不在他本人身上。我们在华盛顿和林肯背后发现了一个更加伟大的东西。在所有伟大的人身上，我们都看到了同样的东西。他们能够感知真理，他们具有超凡的智慧。

第 4 章　摒弃个人狭隘，为迈向伟大做准备

在你克服了焦虑、担忧和恐惧之前，你永远不能成为伟人。一个焦虑不安、忧心忡忡、心怀恐惧的人是不可能感知到真理的。在这种心态下，所有事物都在扭曲，脱离了其适当的相互关系。

如果你很穷，或者对工作的繁杂感到焦虑，建议你认真研究一下《成就财富》，在那里你会找到解决问题的办法，无论这些问题有多大，或多复杂，没有理由为这些问题感到焦虑。只要愿意去做，每个人都可能脱贫致富，心想事成。你应当研究这一真理，直到把它印刻在你的思想中，直到焦虑心情从你的头脑中消失，直到你踏上通向物质财富的必由之路。

再说一遍，不必对自己的健康感到焦虑不安或忧心忡忡。你应当明白，你是有可能获得完美健康的，这样你就会具有足够的力量去做你想做的事，那种随时准备为你提供财富和心理与精神能力的智能也将会乐于为你提供健康。只要你服从生活的简单原理并以正确的方式生活，完美健康对你来说就唾手可得。但是，仅仅克服身体的焦虑和担忧是不够的，你还必须克服道德方面的恶行。你要了解自己的内心，看看是什么动机促使你行动的，并应当确保这些动机是正确的。你必须摆脱贪欲，不再被胃口所左右，必须开始控制食欲。你必须做到仅仅是为了不饿才去吃东西，而绝不是为了获得大吃大喝的乐趣。在所有事情上，你都必须使肉体服从精神。

你必须将贪欲搁置一旁，对于致富不应抱有不当的动机。如果你是为了

灵魂而不是为了满足肉体的强烈欲望，获得财富是合法和正当的。应摒弃骄傲和虚荣，不要一心只想着去支配他人或者胜过他人。这一点至关重要，因为没有什么诱惑是比支配他人的自私愿望更加阴险的。

对有的人来说，最大的吸引力莫过于端坐于盛宴的首位、在市场上被他人顶礼膜拜、被人们称为大师了。对他人施加某种控制是每一个自私者的隐秘动机。对支配他人能力的争夺是竞争世界中的战斗，你必须战胜这个世界及其各种动机和欲望，专注于追索生命力。要摒弃忌妒心理，你能够拥有自己所想要的一切，用不着对任何人所拥有的东西感到忌妒。尤为重要的是，你不应对任何人抱有恶意或敌意，要将所有狭隘的个人野心搁置一旁，下定决心去追寻至善，并不被可耻的自私所动摇。

认真回顾以上所有内容，将那些道德诱惑从你心中一一排除掉。然后，应下决心做到不仅将所有恶念全部摒弃，而且要放弃对你的崇高理想没有帮助的所有行为、习惯和做法。这一点极为重要。应当用你全部的灵魂力量来作出这一决定，这样你就会为下一步迈向伟大做好准备。

第 5 章　社会观点

没有信念，你就不可能变得伟大。所有真正的伟人都有一个显著特点，就是毫不动摇的信念。在黑暗的战争年代里，我们在林肯身上看到了这一点；在福吉谷[①]，我们在华盛顿身上看到了这一点；我们在世界伟人名录占据一席之地的每一个人身上都看到了这一点。并非是对自我或个人能力的信念，而是对法则的信念、对某种伟大事物的信念，我们可以依赖这种事物在适当的时候为我们带来胜利。没有这种信念，任何人都不可能达到真正的伟大。对法则没有信念的人始终只能是一个无名之辈。你是否具有这种信念要根据你的观点而定。你必须学会将这个世界看成通过进化而产生的，看成一个不断进化的事物，而不是把它看作一个固有物。

数百万年以前，非常低等和原始的生命形式诞生，但每一种形式都是完美的。随着岁月的流逝，更高等和更加复杂的生物、动物和植物出现了。地球在自己的演变过程中经历了一个又一个阶段，每个阶段本身都是完美的，被更高的阶段所接替。我希望你们注意的是，所谓的“低等生物”本身与高等生物一样完美，对于它们所处的那个时期来说是完美的，但并非已完成。今天的世界也是如此，从物质、社会和产业角度而言，它是好的，是完美的，虽然它是未完成的，但它是完美的。

---

① 福吉谷位于费城西北部。美国革命战争时，华盛顿率部在此艰苦度过 1777 年的严寒冬季。后被辟为国家公园。

你应该持有这样的观点：世界和世界所包含的一切都是完美的，虽然并未完成。“世上的一切都是正确的。”这是伟大的事实。没有任何事情是错误的，没有任何人是错误的。

对世间万物你都必须从这一立场来考虑。大自然没有任何事情是错误的。大自然是一个伟大的不断进步的存在，为了所有人的幸福而做着有益的努力。大自然的一切都是好的，不存在邪恶。

而人类社会和政府也是如此。尽管有托拉斯、资本组合、罢工、倒闭等现象，但是所有这些都是前进中的一部分，是社会的进化过程中免不了会发生的。社会完善后，就会有和谐。但是社会的完善离不了这些现象。J. P. 摩根对于未来的社会秩序是必需的，爬行动物世纪中的那些千奇百怪的动物对于后续阶段的生命来说同样是必需的。正如这些动物本身是完美的一样，J. P. 摩根也是完美的。

注意，这一切都非常好。现在应把政府和工业看成完美的，并且朝着最终的完成而快速前进。这样你就会明白没有任何事情是可恐惧的、没有任何原因是可焦虑的、没有什么是可担心的。对于任何这些事情绝对不要怨天尤人，它们是完美的。对于人类已经达到的发展阶段而言，这是一个最完美不过的世界。

也许对大多数人来说，这听上去像讨厌的蠢话。他们会说：“什么？！在肮脏和不卫生的工厂里使用童工和剥削人难道不是邪恶的事情吗？酒馆难道不是邪恶的吗？你的意思是说我们要接受所有这一切，把它们说成好的吗？”

童工以及类似事情的邪恶程度并不会超过穴居人的生活方式、习惯和做法。穴居人的方式是人类发展的野蛮阶段的方式，对于那个阶段来说，这些方式是完美的。而我们的工业实践是工业发展的野蛮阶段的实践，也是完美的。在现阶段，一切更好的事情都是不可能的，解决所有这些不和谐的办法不仅在雇主身上，还在工人们本身。每当他们达到了更高的境界时，他们就能够在工业界建立起完善的兄弟情谊与和谐关系。他们拥有人数和能力，目前正在实现自己的愿望。对于更高级、更纯洁和更和谐的生活，每当他们想获得更多，他们就会得到更多。而他们现在只是想获得更多有利于动物享受的东西，所以工业依然处在野蛮、残忍、兽性的阶段。当工人们开始提升精神层面，要求获得更多有利于心灵生活的东西时，工业就会立刻被提高至高于野蛮和残忍的层面。但是在它目前的层面，它是完美的。注意，它实际上是很好的。所以，对酒馆来说也是如此。如果大多数人都想得到这些东西，那他们就应当得到这些东西，这是正确的和必要的。当大多数人都想得到一个没有此类不和谐现象的世界时，他们就会创造出这样一个新的世界。只要人类依然处于兽性思维的层面，社会秩序就将会有部分的混乱，就会表现出兽性。是人造成了社会的现状，随着人超越了兽性思维，社会也会超越其兽性表现。但是兽性思维的社会必须有酒馆和低档夜总会。它按其本性来说是完美的，因为世界当时处在创新世时期。

所有这些都不能阻止你为更好的事物而努力。你可以努力去完善一个尚未完成的社会，而不是去修复一个行将就木的社会。你可以带着更好的心情和更加充满希望的精神去工作。你把文明看作一件正在变得越来越好的好事，还是看作一件正在腐烂衰败的坏事，这对于你的信念和精神会产生巨大的影响。当一种观点为你提供不断前进和拓展的思想时，而另一种观点则为你提供后退的思想；一种观点将使你变得更伟大，而另一种观点将不可避免地使你变得更加渺小；一种观点将使你为了永恒的事物而努力，以伟大的方式来干大事，去改进那些不完善和不和谐的一切，而另一种观点将使你仅仅成为一个修修补补的改革者，做出几乎是毫无希望的努力，把几个失落的灵魂从这个你认为已经穷途末路的世界里解救出来。所以，你要明白，这种社会观点对你影响巨大。“我会确保保持正确的态度。我会从最高的角度来看待大自然和所有事件、情况、社会状况、政治、政府和工业。这一切都是完美的，虽然并不完整。注意，这一切都非常好。”

第 6 章 个人观点

你如何看待社会固然很重要，但是其重要性比不上你如何看待自己的同胞、熟人、朋友、亲戚和直系亲属，而最重要的是比不上你如何看待自己。你必须学会把这个世界看成一件完美和辉煌的事物，正在朝着最美的完整性前进，而不是把它看作迷失、腐烂的事物；你必须学会把人看成完美的存在，正在不断前进来实现完整性，而不是将其看作迷失、可恶的东西。没有什么“坏”人或“恶”人。在铁轨上推动沉重列车的火车头就其本质来说是完美的，是好的，驱动它的蒸汽动力也是好的。如果因断轨而导致火车头掉入沟内，它也并不会由于位移而变坏或变成邪恶的。它依然是完美的火车头，只是脱轨了而已。

驱动火车头掉入沟里并导致其损坏的蒸汽动力并非邪恶的，而是完美的。所以，被放错了地方或被以不完整的方式来应用的东西并非邪恶的。没有邪恶的人，只有“脱轨”的完美的人，但是无须谴责或惩罚他们，只需要重新上轨即可。

不发达或者不完整的东西在我们看来往往是邪恶的，这是我们所养成的思维方式所致。能够结出白色百合的球茎根其貌不扬，看上去可能引人厌恶。但是，如果我们知道百合就在它里面，却仅仅因为外表而轻视它，该有多么愚蠢。根就其本性来说是完美的，它是完美但是并不完整的百合。所以，我们必须学会正确看待每一个人，无论他们外表多么不美，他们在自己的现阶段都是完美的，并且在不断地变得更加完整。

注意：这一切都非常好。一旦我们理解了这一事实，并且形成了这个观点，我们就放弃了对他人挑毛病、对他们下判断、批评或者谴责他们的欲望。我们不再像那些拯救迷失灵魂的人那样，而是像处在天使之中的人那样，为了辉煌天堂的圆满而努力。我们不再把人看作行走的树木，我们的愿景完美无瑕，我们只说好听的话。伟大而光荣的人性达到了完美，这使得我们处在了一种大气和广阔的心态之中。我们将他们视为伟大的存在，并开始以伟大的方式来应对他们和办理他们的事务。但是，如果我们采取了其他的观点，只看到了一个迷失、堕落的种族，我们就会陷入一种狭隘的心态，在应对他们和办理他们的事务时就会采取小气和狭隘的方式。应记住，要坚持这一观点。如果坚持下去，你在与熟人、邻居和自己的家人交往时就会像伟人一样。

这个观点也必须是你在看待自己时所采用的观点。你必须始终把自己看作一个伟大的不断进步的人。应当学会去说："我是独特的，不完美、软弱或疾病对我来说是不存在的。虽然世界是不完整的，但是，在我自己的意识里，这个世界既完美，又完整。没有什么东西可能是错的，除了我自己的个人态度之外。只有在我拒绝服从我自身的特性时，我的个人态度才可能是错误的。就我自己来说，我会努力做到完善，我会去信任他人，无所畏惧。"当你能够把这些话说出来时，你就会摆脱全部的恐惧，并且在培养伟大、强大的个性道路上取得巨大的进步。

第7章　奉献

在养成了使你能够与世界和同胞建立起正确关系的那种观点之后，下一步就是奉献。你内心具有那种始终促使你向上的前进的东西，这种东西就是非凡的能力法则，你必须没有任何疑问地服从它。如果你要变得伟大，这种伟大就必须是某种内在东西的体现。你也不能怀疑这种东西是伟大和高尚的。它并非头脑、智力或推理。如果你不进一步去探索法则，而是止步于推理能力，你就不可能变得伟大。对于推理来说，不存在法则或道德。你的推理就好像律师，可以为任何一方来辩论。盗匪的智力会策划抢劫和谋杀，其快捷程度丝毫不亚于策划一场慈善活动的人的智力。智力帮助我们看到做事的最佳手段和方式，但智力永远不会为我们显示正确的事情。智力和推理可为自私的人实现自私的目的提供快捷的服务，就如同为无私的人实现无私的目的提供服务一样。运用智力和推理，而不考虑法则，你可能会成为一个非常能干的人，但是你永远不会成为一个在生活中表现出真正伟大能力的人。

有关智力和推理能力的训练太多，而有关服从内心的训练太少。这是你的个人态度唯一可能出错的地方。

通过回归到你自己的内心，你始终都能够为每一种关系找到正确的理念。为了能够变得伟大和具备能力，只需将你的生活服从于你这种纯正理念。在这一点上做出的每一次妥协都是以丧失能力为代价的，这是你必须记住的。在你的头脑中有很多想法是已经落后于你的成长阶段的，而由于习惯的力量，你依然允许这些想法来支配你的行为。应当停止这一切，把已经落后于你成长阶段的所有东西都放弃。虽然你知道很多陋习往往会令你变得渺小，使你以渺小的方式行事，但你依然在遵循它，应当克服这一切。我并不是说你应当绝对做到不去理会陈规陋习，或公认的是非标准，你也做不到这一点。但是你可以把自己的灵魂从束缚大多数同胞的窠臼中解脱出来。不要把你的时间和力量用来支持过时的习俗，无论是宗教习俗，还是其他习俗。不要受到你不相信的信条的束缚，要自由自在。你或许已经养成了某些世俗的身心习惯，放弃它们吧。你依然沉湎于疑心重重的恐惧之中，担心事情会出错，担心别人会出卖或虐待你，应克服所有这一切。你在很多方面和很多场合依然以自私的方式行事，不要再这样做。放弃所有这一切，代之以你在自己头脑中所能够设想到的最佳行为。如果你想进步，而目前还没有进步，应记住这只能是由于你的思维比你的行为要更好。

让你的思想受到法则的支配，然后去实现你的想法。让你对业务、对政治、对邻里事务、对家人的态度的表达方式，来表达你所能够想到的最好的想法。让你对于所有人，无论是伟人还是普通人，特别是对于你自己家人的态度始终都是最亲切的、最和蔼的、最彬彬有礼的，达到你所能够想象的最高限度。要记住自己的观点。完成奉献的步骤很少、很简单。如果你要成为伟人，你就不能被他人、被个人的欲望所支配。因此，你不能受制于生理的冲动，而是必须使你的身体服从于头脑。但是你的头脑如果没有法则，可能将你引导至自私和不道德的方向。你必须使头脑服从于内心，而你的内心受到你的知识范围的限制。我交出我的身体，由我的头脑来支配；我交出我的头脑，由我的内心来控制。彻底地实现这一奉献，你就已经在伟大和强大的路上迈出了第二大步。

第 8 章　与大自然的伟大目的融为一体

在承认大自然、社会和你的同胞是不断进步的存在之后，在将自己与所有这些都协调一致之后，在将你自己奉献给了你心中向着最伟大和最高尚的目标而推进的那种特性之后，下一步就是了解并完全承认这样的事实：你心中的能力法则是第一位的。有一种物质是万物之源，含有能够创造万物的能力。所有的能力都是它所固有的。这种物质是有意识的，能够思考，能够与完美的理解和智力相配合。你是知道这一点的，因为你知道有该物质和该意识的存在，知道它必定是那种具有意识的物质。人具有意识，能够思考。人首先是物质，否则就什么都不是，也根本就不存在。而人是物质，加上能够思考并具有意识，人就是有意识的物质。而且人是原始物质，是以物理形式体现的所有生命和能力的源头。

才能、能力和可能性都在人身上，不仅仅是在几个出类拔萃的人身上，而是在每个人身上。大自然把所有能力都给了人，但是，虽然人是原始物质，并且具备全部能力和可能性，但是其意识是有限的，做不到无所不知，所以容易出错。为摆脱这些现象，人必须使自己的头脑与外部那无所不知的东西结合起来。在这意识中有着对于所有已发生事情的记忆，从史前时期自然界的最大动荡到当前所发生的一只麻雀的坠落，也包括目前存在的所有一切。这意识中有大自然背后的伟大目的。所以，它知道会发生什么，知道人们说过、做过或写过的一切。如果你彻底完成了上述各章中所述的工作，如果你确立了真实的观点，如果你的奉献是完整的，你就不会认为有意识的认同是难以实现的。而一旦它实现了，你所追寻的能力就是你的，因为你已经使得自己与所有的能力融为一体了。

第 9 章 抱有坚定的理想

你是原始物质中的一个思维中心。保存在思维物质中的思维形式是一种现实、一种真实的东西，尽管人们看不见。

这是一个事实。如果你想得到一件东西，你就得清楚地形成这件东西的形象，然后将其保存在头脑中，直到它成为一种明确的思维形式。如果你的做法不会使你与大自然分离开来，你想得到的东西就会以物质的形式来到你手中。

不要使你的思维形式与疾病相连，要形成一种健康的概念。要使你自己的思维形式变得强大、完美，并将这一思维形式融入创造性智力中。如果你的做法不违反人体的基本规律，你的思维形式就会明显反映在你的肉体上。这一点同样也是肯定的，因为这是顺应客观规律的。

要使你自己的思维形式变成你所希望的那样，并使你的理想尽可能地接近完美。举例而言：如果一个年轻的法律专业学生希望成为伟人，他就要把自己想象成为一个伟大的律师（同时按以上所述注意观点、风险和同一性），在法官和陪审团面前以无与伦比的口才和能力来为自己的案子辩护，并且想象自己对真理、知识和智慧有深入的了解。他要把自己想象成一个伟大的律师，能够应对各种可能的情形和紧急事件。虽然他只不过是一个学生，但是在任何情况下都应把自己当作一个伟大的律师。随着这种思维形式在他的头脑里变得更加明确并成为习惯，其体内和体外的创造性能量开始发生作用，他开始通过内心和外部的所有要素表现出这种思维形式，这些要素被融入其所想象的情景之中，开始对他产生影响。他将自己纳入这个影像之中，没有什么能够阻止他成为自己所希望成为的人。

同样，音乐专业的学生想象自己在演奏完美的和弦，为大批观众带来快乐；演员想象自己在做最精彩的表演；而农民和技工也要做完全相同的事情。要确定你对于自己想成为怎样的人所抱有的理想，仔细考虑以确保你能够做出正确的选择，也就是对你来说最能够令人满意的选择。对于身边的人提供的建议不要给予过多的关注：你自己才更加清楚对你来说什么是正确的事情。可以倾听他人的意见，但是始终都要形成你自己的结论。不要让他

人来决定你会成为怎样的人。你感觉自己想成为怎样的人，就去成为怎样的人。

不要被有关义务或职责的虚假观念所误导，如果这些义务或职责妨碍你充分发挥自己的潜能的话，就无须理会。对自己真诚，然后你就不可能对任何人虚假。在决定了你想成为什么样的人之后，就要让这种愿景成为一种思维形式。将这种思维形式作为一种事实和真理来加以保持，并相信它。对所有不利的建议都应充耳不闻。不要在乎别人叫你傻瓜和梦想家，要继续梦想。记住：拿破仑·波拿巴最初是个连肚子都填不饱的中尉，但他始终把自己看成五星上将和法国的主人，而后来他完全实现了梦想，成为自己想要成为的人。你也能如此。认真注意以上各章所述内容，并按照以下各章中的说明去做，相信你会成为你想成为的人。

第10章　不断行动，实现自我

但是，如果你止步于上一章的结尾，你就永远不能成为伟人，而只能是一个梦想家和空想家。有太多的人止步于此，他们不了解当前的行动对于实现愿景的必要性。有两件事情是很有必要的：首先是形成思维形式；其次是付诸外在的行动。第一件事我们已经讨论过了，现在我们来谈论第二件事。你在形成了思维形式后，在你内心就已经成为你想成为的人。接下来你必须在外部也成为你想成为的人。你在内心已经是伟人了，但是你在外部还没有去做伟大的事情。你不可能立刻就去做伟大的事情，你不可能马上在全世界面前成为伟大的演员、律师、音乐家或名人，尽管你知道你是这样的人。没有人会将伟大的事情委托给你，因为你还没有使自己闻名遐迩。但是你始终都可以开始以伟大的方式去做渺小的事情。

全部秘密就在于此。你今天就可以变得伟大，无论是在自己家中、店中、办公室中、街上还是在任何地方，通过用伟大的方法来做一切事情，你就可以慢慢地使自己作为伟人而闻名。你必须将你的伟大灵魂中的全部能力投入每个行动中，无论这行动多么渺小、多么平庸。这样你可以向你的家人、亲友和邻居显示你的真正为人。不要自我吹嘘，不要对人说你是一个多么伟大的名人。你只需要以一种伟大的方式来生活。如果你对人说你是一个伟人，没人会信的。但是如果你在行动中表现出了伟大，就没有人能够怀疑了。在自己的家庭圈子中，你应当做到公正、慷慨、有礼、亲切，这样你的家人，包括配偶、子女和兄弟姐妹都会知道你是一个伟大、高尚的人。在你与他人的所有关系中，也要做到伟大、公正、慷慨、有礼和亲切。伟人不会是其他样子的。这是你的态度。

接下来也是最重要的，你必须对自己有关真理的看法具有绝对的信心。切勿匆忙行事。做任何事情都要深思熟虑，等到你觉得自己了解了真正的方法之后才去做。

在你觉得已经了解了真正的方法之后，要以自己的信心作为指导，即便整个世界都不赞同你的做法。你如果坚信某个行动是正确的，就只管去做好了，同时应相信结果是很好的。

如果你坚信某件事情是真实的，那就要做出相应的行动，无论其有怎样的相反表象。记住：你正在努力发展这种能力或者才能，即对真理的感知；你可感知有关家庭和邻里事务的真理，也可感知有关治国之道的真理。而开始的方法是对于这些小事情的真理具有完全的信心，因为真理每天都被揭示给你。如果你感觉受到内心的驱动去走一条似乎与所有理智和世俗判断都背道而驰的路，那就走下去吧。可以去倾听他人的建议和意见，但是始终都要做你认定是应当做的真正的那些事情。在任何时候都要以绝对的信念去依赖自己对真理的感知，行为举止不应匆忙和带有恐惧或焦虑。

在生活中要信赖自己对于真理的感知。如果你认定某个人在某一天将会在某个地方，那就到那里去，确信会见到他，无论这个想法看上去是多么不可能，但是他会在那里的。如果你确信某些人正在进行某些组合或者正在做某些事情，你就应当确信他们正在做那些事情。如果你确信任何情况或事件是真实的，无论它是在附近还是在远方，无论是在过去、现在还是在将来，都应相信。你最初可能会偶尔犯错，因为你对于自己内心的了解不完美，但是你很快就会找到正确的方向，很快你的家人和朋友都会开始越来越尊重你的判断并接受你的指导，你的邻居和其他人就会前来征求你的意见和建议，你就会被看作一个可以在小事情中发现伟大之处的人，你会被越来越多地要求去负责更大的事情。对于所有事情，所有必要的东西都要得到你的内心之光，即你对真理的感知。服从自己的内心，坚信自己。绝对不要带有疑问或者不信任来看待你自己，或者把自己看成一个动辄出错的人。

第 11 章　匆忙与习惯

你可能会有很多问题亟需解决，无论是家庭的、社会的、身体的还是财务方面的。你有必须偿付的债务或其他必须履行的义务。你对所任职务感到不快或不和谐，觉得必须立刻做些什么。这时你行事切勿匆忙或冲动。不必匆忙，而且世上一切都很好。只要你正确保持自己的思想和信念，一切都必定会进展顺利。除了你自己的个人态度，没有什么其他的是能够出错的，而如果你自信、无所畏惧的话，你的个人态度也不会是错的。匆忙是恐惧的表现，而无所畏惧的人有很多的时间。如果你在行事时坚信自己对真理的感知，相信你就不会选错时间，也没有什么事情会出错。如果事情似乎出错了，也不要心烦意乱，这只是表面现象。而你也只有在采取错误的心理态度之后才会出错。每当你发现自己变得激动、担忧或进入了匆忙的心理状态，就要坐下来好好想想，或者去玩某种游戏，或者去度假。去旅行吧，等你回来时，一切就都正常了。所以，在你发现自己采取了匆忙的心理态度时，你就会确信自己并非处在伟大的心理态度之中。匆忙和恐惧会立刻切断你和宇宙的联系，在你平静下来之前，你将得不到任何能力、智慧和信息。陷入匆忙的态度将会阻止你内心的能力法则发挥作用。恐惧会削弱你的力量。记住，镇静和能力之间有着不可分割的联系。

镇定和平衡的头脑是强健和伟大的头脑，而匆忙和不安的头脑是软弱的头脑。每当你陷入匆忙的心理状态，就会知道你已经丧失了正确的观点，误读了世界或者世界的某个部分。在此刻，请阅读本部分的第 5 章，并考虑这样的事实，即本作品内容会为你提供很好的指引。没有什么会出错，也没有什么可能出错。要沉着、镇定、乐观。

接下来谈谈习惯。很可能你的最大困难将会是克服自己习惯的思维方式，并养成新的习惯。世界是受习惯统治的。国王、暴君和富豪们之所以能够保持自己的地位，完全是由于人们已经习惯于接受他们。事物的现状之所以存在，只是由于人们已经形成了接受这种事物现状的习惯。当人们改变对于政府、社会和产业机构的习惯思维时，他们就会改变这些机构。习惯统治我们所有人。

你也许养成了习惯，把自己看成一个普通人，一个能力受限的人，或者一个有点儿失败的人。你习惯性地把自己看成什么，你就会成为什么。现在，你必须养成一种更伟大、更好的习惯。你必须形成一种看法，把自己看成一个具备无限能力的人，并习惯性地认为自己就是那样的人。决定你的命运的是习惯思维，不是定期思维。如果你每天仅仅用片刻时间来确认自己是伟大的，而在所有其他时间里都把自己看成是不伟大的，你将一事无成。

如果你依然习惯性地认为自己是渺小的，那么无论有多少祈祷或确认都不能使你成为伟人。使用祈祷和确认是为了改变你的思维习惯。任何行为（无论是心理的，还是身体的）如果经常重复，都会成为习惯。心理练习的目的就是一遍又一遍地重复某些想法，直到这些想法成为经常性的和习惯性的。我们不断重复的想法会成为信念。你必须做的就是重复有关你自己的新想法，直到它成为你进行自我思考的唯一途径。你在对自己的实际情况进行分类时，可以将自己看作一个伟大和坚强的名人，也可以将自己看作一个受限、普通或软弱的人。如果是后一种情况，你就必须改变自己的想法，获得一幅有关你自己的新的心理图像。要一遍又一遍地重复对自己能力的想法，直到你能够利用该想法来对外部实际情况进行分类，并确定你在任何地方的位置。

第 12 章　没有思想，就无法真正伟大

伟大只能通过不断地去想到伟大的思想才能实现。人只有在内心伟大了之后才能够在外部人格上变得伟大，而人只有通过思考才能够变得内心伟大。如果没有思维，无论有多少教育、阅读或学习，都不能使你变得伟大。有太多的人想仅凭没有思维的阅读来获得成功，但所有这些人都将会失败。你的心理发育不是靠你阅读了什么，而是靠你对于自己所阅读的东西是如何想的。

在所有劳动之中，思考是最艰苦、最费力的。因此很多人懒于思考，大自然在造就我们之初就不断地驱使我们去思考。我们要么去思考，要么从事某种活动来逃避思考。大多数人将自己的闲暇时间用于不停地追逐享乐，这不过是努力去逃避思考罢了。如果他们独处，或者没有任何有意思的事情可做，例如看小说或看演出，他们就必须思考。而为了逃避思考，他们求助于小说、演出以及娱乐。大多数人都将自己的大部分闲暇时间用来逃避思考，因此他们止步不前。除非我们开始思考，否则我们绝对无法进步。

少读多思。阅读有关伟大事物的内容，考虑伟大的问题和事项。

成就个性的是思考，而不仅仅是知识或信息。思考就是成长，你不可能在思考的同时而没有成长。

每个思想都会产生另一个思想。把一个想法写下来，其他的想法就会接踵而来，直到你写满一页。你无法彻底了解自己的头脑，它没有边界。你最

初的思想或许是粗糙的，但是随着你的不断思考，你对自己能力的运用就会越来越多，你会加快新大脑细胞的活动，并发展新的才能。如果你进行持续不断的思考的话，在你面前，遗传、环境、现实等一切都必须让位。但是，如果你忽视独立思考，而只是利用他人的思想，你就永远不会了解自己能够干些什么，到头来你终将一事无成。

没有原创思维，就不可能有真正的伟大。人在外部所做的一切都是表达和完成其内心思维。没有思想就不可能有行为，而没有伟大的思想就不可能有伟大的行为。行为是思想的第二形式，个性是思想的体现。环境是思维的结果，事物是按照你的思想组合在你周围的。如同爱默生所说，你自己是具有某种中心思想或观念的，你生活中的所有实际情况都是据此来安排和分类的。改变这一中心思想，你就会改变你生活中所有的安排或分类。你之所以具有目前的状态，是因为你具有目前的思维；而你之所以处在目前的地位，也是因为你具有目前的思维。这样你就明白了考虑上述各章中所列各项要素的巨大重要性。你一定不能以任何肤浅的方式来接受这些要素，而是必须对其加以考虑，直到它们成为你中心思想的一部分。

现在回到前面所说的观点问题，从各方面来考虑以下的绝佳想法，即你生活在一个完美的世界里，处在完美的人当中，除了你自己的个人态度之外，你没有什么是可能出错的。考虑所有这些，直到你全面认识到了其对你所具有的全部含义。想想吧，各种有机的、社会的和工业的进化而使得这世界在通向圆满的道路上走到了今天，而且这世界还在朝着进一步的圆满与和谐迈进。想想吧，有一种伟大、完美和明智的生活与能力法则造就了宇宙的不断进化。想想所有这些，直到你明白它是真实的，直到你理解了你作为这一如此完美世界的人应当如何去生活。

接下来，想想那一条真理，即这种伟大的智力就在你身上，是你自己的智力。它是一盏在你心中的明灯，促使你去追求正确和最好的东西，做出最伟大的行为，获得最高的幸福。这是你自身的能力法则，为你提供了所有的能力和天赋，将绝对无误地引导你达到最佳，如果你服从它的话。想想当你在说“我将服从我的内心”时，你的自我奉献意味着什么。然后，想想你对这种至高存在的认同，它的所有知识和智慧都是你的，唾手可得。有关能力的思想将会产生具备能力的生活。伟大的思想将会在伟大的人格中显现出来。好好想想所有这些，然后你就可以行动了。

第 13 章 在家中的行为

不要只是去想你将会变成伟人，而是要去设想你现在就是伟人；不要去想你将会在未来的某个时间开始以伟大的方式来行动，而是现在就要开始；不要去想你将在到达一个不同的环境后才会以伟大的方式来行动，而是要在你目前所处的地方就以伟大的方式来行动；不要去想你将在开始处理伟大的事情时才会开始以伟大的方式来行动，而是要以伟大的方式去处理渺小的事情；不要去想你将在身处更加聪明的人或者对你更加了解的人中间之后才会开始变得伟大，而是要现在就开始以伟大的方式与你周围的人相处。如果你所处的环境不能发挥你的最大能力和才能，你可以在适当的时候搬走，不过，你也可以在此地成为伟人。林肯在担任边远地区律师时的伟大并不亚于他在担任总统时的伟大。作为一名边远地区的律师，他以伟大的方式做普通的事情，这使得他成为总统。如果他等来到华盛顿以后才开始变得伟大，他就会永远默默无闻。你不会由于自己碰巧所处的地方或自己身边的事情而成为伟人。你也不会由于从他人那里所得到的东西而成为伟人。只要你依赖他人，你就永远不会表现出伟大。你只有在开始自立之后才会表现出伟大。要摒弃所有依赖外物的想法，无论其是用品、书籍，还是他人。如同爱默生所说，“单凭研究莎士比亚将绝对不会造就莎士比亚”。莎士比亚是通过去想莎士比亚之所想来造就的。

不要在意你周围的人是如何待你的，包括你自己的家人。这与你成为伟人没有任何关系，也不能妨碍你成为伟人。人们或许会对你视而不见，对你的态度表现出不理解、不友善。这能够阻止你以伟大的方式和态度对待他们吗？不要谈论你的伟大，从本质意义上来说，你并不比你周围的人更加伟大。你或许走上了一条他们尚未发现的生活和思考之路，但他们在自己所在的思想和行动层面上是完美的。你无权获得特殊的荣耀或者使人对你的伟大另眼相看。

如果你只看到他人的缺点和失败，并将其与自己的优点和成功来比较，你就会养成一种沾沾自喜的态度。而如果你养成了沾沾自喜的态度，你就不再是伟大的。要想象自己是处在完美的人之中的一个完美的人，以平等的态度对待每个人，既不高高在上，也不低三下四。不要装腔作势，伟人从来不这样做。不要索求荣耀和赞赏，如果你有权获得的话，这些都会很快到来的。

首先从家庭开始。在家中如果能够始终做到沉着、自信、镇定、亲切和体贴，那就是一个伟人。如果你在自己家中所采取的方式和态度始终是你所能够想到的最好的，你很快就会成为一个所有人都依赖的人。在困难时刻，你将会成为支持他人的力量之塔。你会受到爱戴和赞赏。与此同时，也不要错误地任凭他人来使唤你。伟大的人尊重自己。虽然他会服务和帮助他人，但是绝不会像奴隶那样屈从他人。成为家人的奴隶，或者把那些他们理应自己去做的事情都包揽过来，这并不能为家人提供帮助。你过多地服侍一个人其实是对他的伤害。拒绝自私者的无理要求对这些人来说是大好事。理想的世界并非很多人都由他人来服侍的世界，而是每个人都自食其力的世界。可以用完美的善意和体贴来对待一切要求，无论是自私的要求还是其他的要求。但是不能使自己屈从于家中任何成员的胡思乱想、心血来潮或无理要求，因为这样做并非伟大，而会对他人造成伤害。

对于家中任何成员的失败或错误不要变得心神不定，不要认为你必须插手干预。记住，每个人在其所在的平面上都是完美的，你是无法改进大自然的作品的。不要去管他人的习惯和做法，即便他们是你最亲近的人，这些事情与你无关。除了你的个人态度之外，没有什么是能够出错的。明白这一点，你就会知道所有其他的一切都是正确的。有些人做的事情是你所不做的，而如果你能够与他们一同生活，但是又能够不做批评或进行干预，那你就是一个真正伟大的人。

要做那些对你来说是正确的事情，并且相信你家中的每个成员都在做对他们来说是正确的事情。对任何人或任何事情来说，没有什么是错的，所有的一切都非常好。不要受任何他人的奴役，但同时也要注意避免强迫他人接受你自己的意见。要思考，并且要深刻和不断地思考；要与人为善，体贴关心，这是你在自己家中成为伟人的途径。

第 14 章 在家外的行为

你在其他地方的表现应该与在家中的表现一致。一刻都不要忘记这是一个完美的世界，你和最伟大的人同等伟大，当然，所有人都一样。要信赖你自己对于真理的感知，而不是推理，要确保你的感知是来自内心。行动时应当沉着镇定。你只需要做到完全镇定，顺应自己心中的智慧。如果你在行动时能够沉着、自信，你的判断将始终是正确的，你将始终知道应当做些什么。不要匆忙或担忧。记住处在战争的艰苦岁月中的林肯。詹姆斯·弗里曼·克拉克说，在弗雷德里克斯堡之战过后，林肯为整个国家提供了信心和希望。数百名来自全国各地的领导人走进他的房间时都情绪悲观，但是出来时却都喜气洋洋、充满希望，因为他们曾与至高无上者面对面，他们在这个身体消瘦、其貌不扬、充满耐心的人身上见到了上帝，尽管他们知道他不是上帝。

对自己和自己的处事能力要有绝对的信心。如果你是独自一人，不要烦恼。如果你需要朋友，他们会在适当的时候来到你身旁。如果你觉得自己愚昧无知，不要烦恼，你所需要的信息会在适当的时候提供给你。如果有某个人是你需要认识的，他会被人介绍给你的。如果有某一本书是你需要阅读的，它会在适当的时候被放入你的手中。你所需要的所有知识都从各处向你涌来。你的信息和你的才能将始终足以应付环境的要求。一旦你觉醒，并开始以伟大的方式运用自己的才能，你就会将能力应用于自己头脑的发展。新的细胞将产生出来，而休眠的细胞将加快进入活跃状态，你的大脑将够资格成为你的完美工具。

在你准备好以伟大的方式去做伟大的事情之前，不要尝试去做这些事情。如果你用渺小的方式去处理伟大的事情，也就是从较低的视点，或者用不完全的奉献，并放弃信心和勇气，那么你就会失败。不要急于去做伟大的事情。做伟大的事情不会使你变得伟大，但是变得伟大肯定会引导你去做伟大的事情。在你当前所在的地方并且从你日常所做的事情开始去变得伟大。不要急于让人发现或认可自己是一个伟人。如果在你开始将你从书中读到的东西付诸实践之后的一个月内，没有新的任命，不要感到失望。伟人绝不会盲目追求他人的认可或称赞。他们之所以伟大，并不是因为获得了他人的赞赏和认可，而是伟大本身就足以成为回报。因有所成就和知道自己正在进步所带来的快乐才是最大的快乐。

如果你如上一章中所述从自己家中开始，然后对你的邻居、朋友和你在业务活动中所遇到的人都采取同样的心理态度，你很快就会发现人们开始依赖你，会来征求你的意见，而越来越多的人将会向你寻求力量和灵感，依赖你的判断。在这里，如同在家中一样，你必须避免干涉他人的事务。要帮助那些来找你的人，但是不要过分殷勤地想着去纠正他人，而是要管好你自己的事情。纠正他人的道德、习惯或做法并非你的生活使命。要过一种伟大的生活，以伟大的精神去做所有事情。对于向你提出要求的人，可以尽可能地予以满足，但是不要把你的帮助或意见强加给任何人。如果你的邻居想抽烟或喝酒，那是他的事情，不是你的事情，除非他和你商量。如果你对世界持有正确的观点，其他人会通过你的日常谈话和行为察觉到并印在脑海里。不要试图使他人转而赞成你的观点，除了你自己持有这个观点并身体力行之外。如果你的奉献是完美的，你不需要去告诉任何人。很快所有人都会看出来。

为了成为著名的伟人，你除了生活之外没有任何事情需要做。不要想象你必须像堂吉诃德那样在世界各地到处乱冲乱撞，攻击风车，所到之处人仰马翻，以此来证明自己是个人物。不要到处去找大事情做。而是就在你目前所处的地方、在你必须做的日常工作中过一种伟大的生活，然后更大的事情就会来找你，要求你去做。要深刻认识到人的价值，即便对待乞丐或流浪汉也要给予最大的体贴。不要把你所有的体贴关心都给了穷人，百万富翁和流浪汉同样优秀。这是一个完美的世界，这世界中的每个人或每样东西都是正确的。你在待人接物时务必要记住这一点。要小心地形成对于你自己的心理影像。按照你希望的方式形成自己的思维形式并加以保持，坚信其正处在实现的过程中并将完全实现。饱含善意地去采取每一个普通行动和说每句话，平等地去和卑微与高贵的人相处。只要开始并继续这样做，你的能力和才能的发展将是非常迅速的。

第 15 章 进一步的说明

我要在这里回顾关于观点的问题，因为此事除了极为重要之外，它还是一个可能对学生造成最大麻烦的问题。我们所接受的训练要求我们把这个世界看成一艘失事的船，被风暴刮到了遍布岩石的海岸，最终难逃彻底毁灭的命运，而人们所能够做的也许最多不过是挽救几个船员。这种观点要我们将这个世界看成本质上是坏的，而且越来越坏，并要我们相信现有的各种冲突与不和谐都必须继续并强化，直到最后。它使我们丧失了对社会、政府和人性的希望，给了我们一个悲观的前景和受限的头脑。这是大错特错的。世界并未被毁灭，它就像一条巨轮，引擎和机械都处在完美状态。燃料仓中装满了煤，船上物品充足，可供航行中使用。任何好东西都不缺少。所能够发明的一切都提供给了船员，确保其安全、舒适和快乐。这艘轮船之所以在大海上四处航行，是因为还没有人了解正确的驾驶航线。我们正在学习驾驶，在适当时候将会华丽地驶入完美和谐的港口。

这世界是好的，而且正在变得越来越好。现有的冲突与不和谐不过是我们自己的不完美驾驶所造成的船只颠簸，到时候都会解决的。这种观点给了我们一个乐观的前景和拓展的头脑，使我们能够从大方面考虑社会和自己，以伟大的方式来做事。

此外，我们明白这样一个世界，或者其中的任何部分，是没有什么能够出错的，包括我们自己的事务。如果这世界正在朝着圆满发展，那么它就不会出错。由于我们自己的事务是整体的一部分，因此就不会出错。你以及与你有关的一切都在朝着圆满发展。除了你自己之外，没有什么能够阻止这种发展。而你只有在采取一种与这个世界相悖的心理态度才能够阻止这种发展。除了你自己之外，没有什么是需要保持正确的。而如果你使自己保持正确，你就不会出错，也就没有什么可担心的。如果你的个人态度是正确的，就没有什么事情或其他灾难是能够降临在你头上的，因为你是那些不断增加和发展的东西的一部分，你必须随之而增加和发展。

此外，你的思维形式将在很大程度上根据你对宇宙的看法而形成。如果你把这世界看成一个迷失、毁灭的事物，你就会把自己也看成其中的一部分，也具有了它的罪孽和缺点。如果你对于世界的总体看法是绝望的，你对自己的看法就不会是充满希望的。如果你把世界看成正在向着其末日坠落，你就不可能把自己看成是在不断发展的。只有对大自然的所有作品都有好的看法，你才会对自己抱有好的看法；而只有对自己抱有好的看法，你才可能变得伟大。

我再重复一遍，你在生活中的地位，包括你的物质环境，是由你惯有的思维形式决定的。如果你把自己看作一个无能、低效的人，你肯定会觉得自己是处在一个匮乏的环境里。这些惯有的思想在头脑中形成无形的存在，永远伴随着你。而这种无形的思维形式总有一天会体现在你的行动中，那时的你必定显得缩手缩脚，无法施展才能。

把大自然看成一种活的、不断进步的伟大存在，而对人类社会也应当持同样的看法。它是一个整体，来自同一个来源，并且一切都好。你自己拥有的每一种能力都是你的一种构成成分，你的身体内有每一种能力的源头。

第 16 章　有关思想的更多内容

这里我们对思想问题做一些进一步的考虑。你的思想变得伟大之后，你才能变得伟大。因此，这是头等重要的。内心思考了伟大的事情，你才能到外部世界去做伟大的事情；思考了事物的真理和真实性，你才能考虑伟大的事情。为了思考伟大的事情，你必须绝对真诚；而要做到真诚，你必须知道你的意图是正确的。不真诚或虚假的思考从来都不是伟大的，无论它多么具有逻辑性、多么卓越。

第一步同时也是最重要的一步是寻求有关人际关系的真理，以便了解他人眼中的你和你眼中的他人。这又使你回到了寻找正确观点的那部分内容。你应当研究有机进化和社会进化，并阅读达尔文和沃尔特·托马斯·米尔斯的书，一边读一边想，认真考虑整个事情，直到你以正确的方法看待物质和人的世界。

你的下一步是考虑自己应当采取的正确的态度。你的观点会告诉你正确的态度是什么，对内心的服从使你采取这种态度。只有把自己完全奉献给心中的最高存在，你才能实现真诚的思维。如果你的目标是自私的，或者你的意图或做法在任何方面是不诚实的或不正直的，你的思维就是虚假的，你的思想也没有任何能力。考虑你的做事方法、你的意图、目的和做法，直到你明白它们是正确的。

这样一种事实是一件大事，即你所需要的一切都已经在你身上了，你不需要考虑如何获得能力去做你想做的事情，或者成为你想成为的人。你只需考虑如何以正确的方式运用你拥有的能力。除了开始之外，其他任何事情都不用做。运用你对真理的感知。你今天能够看到很多真理，如果能够完全实现这些真理，你明天就会看到更多的真理。

为了消除那些旧的错误思想，你必须花很多时间去考虑人的价值，即人类灵魂的伟大和价值。你必须不再盯着人的错误，而是去看成功；不再盯着缺点，而是去看优点。你不能再把人类看成正在坠入地狱的迷失的人，而是必须把他们看成正在升入天堂的闪闪发光的人。做到这一点将需要对意志力进行某些练习，对意志的合法运用，决定你要考虑些什么和如何去考虑。

意志的功能是指导思想。去想人的好的一面，也就是那些可爱、有吸引力的部分，并运用你的意志来拒绝去想与此无关的任何别的东西。

据我所知，没有人在这一点上取得的成就能超过尤金·德布斯，他曾两度作为美国总统的社会党候选人。德布斯先生尊重人性，对任何人都是有求必应。没人从他那里听到一句不客气或苛刻的话。只要见到他，都会感觉到他对于你抱有浓厚和善意的兴趣。无论是腰缠万贯的富豪，还是浑身肮脏的工人，抑或是劳累不堪的妇女，每个人都会得到诚挚和真诚的兄弟之情。每一个在街上和他说话的衣衫褴褛的孩子都会立即得到亲切的回应。德布斯热爱人类，这使他在一场伟大的运动中成为领导人物，成为受到成千上万人爱戴的英雄。这将使他获得不朽的名声。热爱人类是一件伟大的事情，只能通过思想来实现。除了思想之外，没有任何其他东西能够使你变得伟大。

我们可以将思想者分为独立思考的人和通过他人来思考的人。后一

种人是惯例，而前一种人是例外。前一种人是双重意义上的原创性思想者，是最崇高意义上的自我中心者。——叔本华

对每个人来说，关键是他的思想。人虽然看上去桀骜不驯，但是却拥有其所服从的舵手，也就是思想，人的一切都依据思想来分类。只有通过向人展示一种支配其自己思想的新思想，才可能对人进行改造。——爱默生

所有真正明智的想法都是已经被人思考过数千次的想法。但是为了使这些想法真正成为我们的，我们必须真诚地再次对其进行思考，直到它们在我们的个人印象中扎下根来。——歌德

伟人是那些将精神看得比任何物质力量都更加强大的人，是那些认为思想统治世界的人。——爱默生

有些人一辈子都在学习。他们在死亡时学会了除思考之外的一切。——多梅尔格

融入我们生活的是习惯性思维。它对我们的影响甚至超过我们的亲

密社交关系。与我们所抱有的思想相比，我们的亲密朋友在影响我们的生活方面并没有那么多可做的。——W. 蒂尔

当上帝将一个伟大的思想家放在这个行星上，一切就都处在了危险之中。没有任何文学声誉或所谓的永恒名声是不可以被拒绝和谴责的。——爱默生

思考！思考！思考！

第 17 章　应当如何看待伟大

一般人在想到伟人时，都会想到那些成功地使他人为自己提供服务的人，而不是为他人提供服务的人。认为伟人应当使自己处在指挥他人的地位，可对他人施展能力，使其服从他的意志。

对他人、对大多数人行使支配权确实也是了不起的事。尤其对自私的人来说，似乎没有什么比这个更加美好的。你总是会发现每一个自私的人都试图去支配他人，对他人行使控制权。野蛮人在地球上一出现，就开始了相互之间的奴役。多少年来，战争、外交、政治和政府的争斗都是为了获得相应的控制权。国王和王子们使得大地突然被血泪浸透，来延伸其控制和统治更多人的能力。

就支配性原则而言，今天商业界的争斗与一个世纪前欧洲战场上的争斗如出一辙。罗伯特·英格索兰不能理解为什么像洛克菲勒和卡内基这样的人要寻求更多的金钱，使自己成为商业争斗的奴隶，而他们的钱已经多得花不完。他认为这是一种疯狂之举，并对此有如下的说法：“假如一个人有 5 万条裤子、7.5 万件汗衫、10 万件上衣、15 万条领带，但是却无论刮风下雨，每天天不亮就起床，一直工作到天黑，仅仅是为了再得到一条领带。你会怎么想他？”

但这并不是一个好的比喻。像洛克菲勒和卡内基这样的人并不是追逐金钱，而是追逐权力。这就是法利赛人的原则，是对高位的争夺。它能够培养出能干的人、狡猾的人、足智多谋的人，但是却培养不出伟人。我希望你能够在自己的心中将这两个有关伟大的想法进行对照。“让你们当中的伟人提供服务。”如果我站在普通美国听众面前，问他们最伟大的美国人是谁，大多数人都会想起亚伯拉罕·林肯。这难道不是因为我们在林肯身上找到了服务精神吗？在这一点上他超过了在公共生活中曾经为我们提供服务的其他所有人。因为他为更多人提供了服务，林肯是一个伟大的人。从你开始前进并被认为是以伟大的方式做事的人起，你就会发现自己处在危险之中。那种以高人一等的态度去提出建议或者对他人的事情大包大揽的诱惑有时几乎是不可抗拒的。

但是也要避免相反的危险，即将自己完全投入为他人服务当中。奉行极端利他主义，而这其实和臭名昭著的自私一样是一种病态，和伟大并不搭界。对身处麻烦或危难之中的人所发出的求助呼吁做出本能反应，绝非你的全部，也不一定是你身上的最好部分。虽然每一个伟人必须把其生活与活动的大部分用于帮助他人，但是除了帮助不幸的人之外，还有其他事情是必须去做的。在你开始前进的时候，这些都会来找你的，不要赶走它们。但是，不要错误地以为完全自我克制的生活就是通向伟大的途径。

这里还要说明一点。我要提及以下事实，即斯维登伯格对基本动机的划分。他将所有的人分成两组：生活在纯爱之中的人和生活在他称为是对统制之爱的情感之中的人。可以看出，这与法利赛人对地位和权力的渴望完全相同。斯维登伯格把这种对于权力的自私的爱视为所有罪恶之源。它是人心中唯一的邪恶愿望，由此而产生了所有其他的邪恶愿望。他将此放在了纯爱之下。他不说“对上帝的爱”，或者“对人类的爱”，而是仅仅说“爱”。几乎所有宗教人士都更加重视对上帝的爱和服务，而不那么重视对人的爱和服务。但事实是，宗教人士对上帝的爱不足以将一个人从权力渴望中解救出来，因为有些最狂热地热爱神的人是最坏的暴君。

第 18 章　关于进化的一种观点

但是，当我们像很多人一样被贫困、无知、痛苦和苦难所包围时，我们如何避免使自己陷于利他工作中呢？在有些地方，四面八方都会伸手求助，他们一定会发现很难避免不断地给予。同样，社会上存在的不法行为和对弱者的不公使得那些乐善好施的人有了一种几乎不可抗拒的愿望，要把事情纠正过来。我们想要发起一场改革；我们觉得除非全身心地投入进去，否则永远无法纠正错误。我们必须记住这并非一个糟糕的世界，而是一个在变化中的好世界。

毫无疑问，以前曾有一段时间这个地球上没有任何生命。地质学证据表明地球曾一度是一团燃烧的气体和融化的岩石，被沸腾的蒸汽包裹，这些证据是毋庸置疑的。我们不知道在这种状态下生命是如何存在的，因为这似乎是不可能的。地质学家告诉我们，后来，在已经形成的地壳上，地球冷却了下来，并且变硬，蒸汽凝固后变成了雾，或者作为雨降下。冷却的地面粉碎后形成了土壤，水分积累起来，形成了水塘和海洋。最后，在水中或陆地的什么地方，出现了活着的某种东西。

这种最初的生命是单细胞生物，这种推测是有道理的。很快，生物体具有了太多的生命力，无法用单一细胞来表达，因此就有了两个细胞，然后是更多细胞。虽然如此，仍然有更多的生命力注入其中。多细胞生物得以形成，如植物、树木、脊椎动物、哺乳动物等，其中很多都是奇形怪状的，但是都是完美的，因为万物都是大自然所造。无疑，有些动物和植物形状粗劣得近乎丑陋，但是万物在其所处的时间段都能够物尽其用，而这一切都很好。

然后，有一天来到了，那是进化过程中伟大的一天，辰星闪耀的一天，大自然仿佛欢呼雀跃，因为人类出现了。人类是一种类猿生物，外表与猿人相似性，但是具有完全不同的成长和思维能力。艺术和美、建筑和歌曲，所有这些对于猿人来说都是无法实现的。大自然的发展敦促人类去取得更大的成就，创造更好的条件，无论是社会的、政府的还是家庭的。

人们在回顾古代历史时，看到的是当时存在的简陋、野蛮、偶像崇拜和苦难。将这些与大自然联想起来时，难免会觉得其对人类残忍、不公。但是，应当停止这种想法。从猿人发展到现在，人类的崛起只能通过不断地展现人脑中潜在的各种能力和可能性来实现。

多少世纪的战争、流血、苦难、不公和残酷随着时间推移以很多方式受到了爱和正义的调和。这使得人类的大脑发展到了能够完整表达爱和正义的程度。但结局尚未到来。人们憧憬的是帕特莫斯岛的梦想家所预见的时代。那时将没有哭泣，不再有任何痛苦，因为所有这些都一去不复返了，从此将没有黑夜。

第 19 章　使自己成才，是你的天职

说了这么多，我的最终目的是要解决职责这个问题。这是一个使很多认真和诚挚的人感到困惑不解的问题，他们在解决这个问题时遇到了很大的困难。当他们开始使自己成才，在实践中去变得伟大时，他们发现自己必须去重新安排很多关系。有些朋友必须疏远，而有些亲戚产生了误解，觉得自己受到了某种怠慢。真正伟大的人往往被身边的很多人认为是自私的，他们觉得他本应当给他们带来更多的好处。问题从一开始就是：充分利用我自己而不管其他任何事情，这是我的职责所在吗？或者，我是否要等待，直到我能够顺利地做这些事情，或者不会给任何人造成损失？这是对自我的职责与对他人的职责问题。

我曾听到一些短视的经济学家说，今天的工人们应当完全满意了，因为他们的条件比起 200 年前工人的条件改善太多了；那时的工人和猪一起睡在没有窗户的小屋里，地上铺设的是灯芯草。的确，今天的人有舒适的家和很多很多的东西，这些在很短时间以前还是不为人所知的。如果他有了他所能够使用的一切，来过一种他能够想象得到的生活，那么他就会心满意足。但是他不满足。造物主把人类提升得太高了，以至于任何一个普通人都能够想象出比现在更好和更加理想的生活。只要人类能够思维，并为自己清晰地想象一种更加理想的生活，他就会对自己必须过的生活感到不满，这是理所当然的。

在结束本章之前，还有1—2个其他问题需解决。在前面的章节内容里，我讨论过机遇问题。我曾经总结性地说，每个人都有能力成为伟人，就如同在《成就财富》中我曾说，每个人都有能力成为富人一样。但是对这些概括性叙述需加以限定。有些人的头脑太物质了，他们完全不能理解这些书中的哲理。还有大量的男人和女人，他们一辈子生活和工作，直到思维枯竭。对这类人，可以通过示范来展现他们未来的生活，这是唤醒他们的唯一方法。对这个世界来说，示范比说教更有意义。而对于这些人，我们的职责是尽可能地在人格方面成为伟人，以便他们看见后会想要去效仿。为了他们的缘故而使我们自己成为伟人，这是我们的职责。这样我们就可以不断地改造这个世界，使得子孙后代有更好的思维条件。

还有一点。经常有人给我写信，想使自己成才，然后到外面去闯世界，但是受到家庭关系的羁绊，因为有其他人或多或少地依赖他们，使得他们担心自己走后家人会受苦。一般情况下，我都建议这些人无所畏惧地走出去，最大限度地发挥自己的作用。即便家中会有损失，那也是暂时和表面的，因为，如果你跟随上天的指引去实践，你很快就能够比以往更好地照顾自己的亲人了。

第20章　脑力练习

对脑力练习的目的一定不能有误解。格式化的用语没有任何用处，因为通过祈祷或念咒语是无法找到发展捷径的。脑力练习是一种练习，是去想某些想法，而不是去重复词语。如同歌德所说，我们重复听到的词语成了坚定的信念，而我们不断去想的那些想法则成了习惯，使得我们成为现在的人。进行脑力练习的目的是让你不断地想某些想法，直到形成了思维习惯，然后这些想法就会一直是你的思想。如果了解了脑力练习的目的并按照正确的方法来操作，它将具有很大的价值。但是照大多数人目前练习的方法，这些练习不仅没有用，而且还更糟。

以下练习中的想法是你应当去想的想法。你每天应当将这个练习做1—2次，但是不要每天只想两次，应当不断地、反复地去想，以免时间一过就把它们全忘了。这练习是为你提供不断思考的材料。

抽一段时间，使自己能够在20—30分钟时间内不受打扰。练习之前要使自己的身体舒适，比如放松地坐在安乐椅中，或者躺在睡椅或床上，最好是仰卧。如果你没有其他时间，可在晚上睡觉前或早上起床前做练习。

首先，让注意力在自己全身过一遍，从头顶到脚底，在此过程中将每一块肌肉都放松。然后，将身体的和其他烦恼都从头脑中排除掉。让注意力沿着脊髓而下，通过神经，到达手脚。在这样做的时候，心里想："我全身的神经都处在完美状态，服从我的意愿。我有强大的精神力量。"

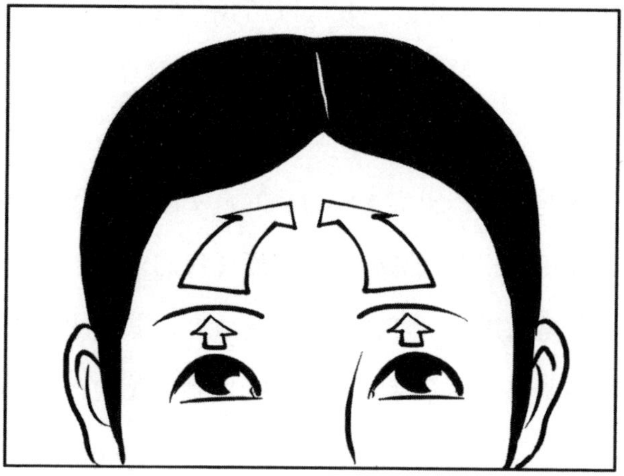

其次，将注意力转到肺部，在心里想：“我在静静地深呼吸，空气进入我肺部的每一个细胞。我的肺部处在完美状态。我的血液得到净化，变得干净。”然后是心脏：“我的心脏在不停地有力跳动。我的血液循环完美，可以顺利到达手脚。”然后是消化系统：“我的胃部和大肠能够完美地发挥功能，食物被消化和吸收，我的身体得到改造和滋养。我的肝、肾和膀胱能够各自发挥其功能，不会产生痛苦或紧张。我一切都非常好。我的身体在休息，头脑安静，灵魂平静。”

“我能够克服道德沦丧的所有诱惑。我摒弃了所有贪婪、自私和狭隘的个人野心；我对任何人都不抱有忌妒、怨恨或敌意。我将不会走与我的最高理想不符的任何道路。我是正确的，我做的事情也是正确的。”

观点

这个世界一切都好，它是完美的，正在不断进步，去达到完备。我将只会从这一观点出发来认真考虑社会、政治和工业生活的情况。注意，这一切都非常好。我将以同样的观点去看待所有人，包括我的所有熟人、朋友、邻居和家人。他们都很好。这宇宙没有什么是错误的。除了我自己的个人态度之外，没有什么是可能出错的。从今以后我会保持正确的态度。我完全信任自然。

奉献

我将服从我的灵魂，忠实于我自己的真实内心。我将在内心寻求关于万物正确性的纯粹想法，在找到后，我将通过我的外在生活将其表达出来。对于在成长后而不再适用的一切，我都将会放弃，以便达到我能够想到的最佳状态。我将对我所有的关系都给予最高的期望，我的态度和行为将表达这些想法。

理想化

发挥最大想象力来构想理想中自己的影像。在这个影像上停留一会儿，心中不停地想：这才是我真正的样子。那是我自己的完美影像，并且还会不断进步更加完美。我将只会从这一观点出发来认真考虑社会、政治和工业生活的情况。注意，这一切都非常好。我将以同样的方式去看待所有人，包括我的所有熟人、朋友、邻居和家人。他们都很好。这宇宙没有什么是错误的。除了我自己的个人态度之外，没有什么是可能出错的。从今以后我会保持正确的态度。

实现

我为自己提供了能力，去变成我所希望的样子，去做我想做的事情。我运用创造性能量。所有的能力都是我的。我将带着能力和完美的信心出人头地。我将信任，而不是恐惧，因为世界与我同在。

第21章 成就伟人综述

所有人都是用同一种智慧物质做成的，因此所有人都具有相同的必要能力和可能性。所有人都同样具备天生的伟大性，都可以表现出伟大性。每个人都可以成为伟人。大自然中的每个成分也是人的成分。通过运用心灵的固有创造能力，人可以克服遗传和环境影响。如果要成为伟人，心灵必须行动起来，必须支配头脑和身体。

人的知识是有限的，会由于无知而犯错。为避免这种情况，人必须将自己的心灵和宇宙精神联系起来。宇宙精神是造就万物的智慧物质，存在于万物之中。为此，人必须愿意去过一种纯粹的生活，必须克服所有道德诱惑；必须放弃与其最高理想不相符的所有做法。人必须确立正确的观点，人必须明白，大自然、社会、政府和工业在其目前的阶段是完美的，并且正在朝着完备而不断进步。人必须奉献自己，为心中的最高存在提供服务，服从心灵的声音。每个人的心中都有一盏明灯，不断促使他走向最高，如果他想要成为伟人，他必须由这盏明灯来引导。

他必须绝对信任自己对真理的感知，并在家中就开始根据这些感知来行事。在发现了做小事情的真实和正确的方法后，他必须采用这种方法。他必须停止不加思考的行为，并开始思考。他在自己的思想中必须做到真诚。

他必须对自己形成最高的心理观念，并保持这种观念，直到它成为自己的习惯思维形式。他必须不断地保持这种思维形式。他必须在自己的行动中实现和表达这种思维形式。他必须以伟大的方式去做一切事情。在对待家人、邻居、熟人和朋友时，他必须使每个行为都成为自己理想的表达。一个人如果能够确立正确的观点，做出全面奉献，将自己理想化地想象成伟人，并使得每个行动（无论多小）都成为理想的表达，那他就已经达到了伟大的程度。他将以一种伟大的方式去做每个事情。他会闻名遐迩，会被公认为是一个能力超凡的名人。他将通过灵感来获得知识，将会知道他需要知道的一切。他将获得在自己思想中形成的所有物质财富，不会缺少任何好东西。他将获得能力来处理可能发生的任何情况，而他的成长和进步将持续不断，而且非常迅速。伟大的工作将会把他找出来，所有人都将会乐于给他以礼遇。

第四部

成就健康

健康是身体机能完美自然的表现，它源于生命法则的天然作用。生命法则存在于宇宙中，它是一种有生命力的物质，万物皆由它而生。这种有生命力的物质渗入、穿透并充斥宇宙间每一个空隙，它蕴藏于万物之中，穿行于万物之间。一切生命皆源于它，它的生命即万物的生命。

第 1 章　健康法则

谈到健康，我们在一开始就应该了解并接受以下这些原理：

健康是身体机能完美自然的表现，它源于生命法则的天然作用。生命法则存在于宇宙中，它是一种有生命力的物质，万物皆由它而生。这种有生命力的物质渗入、穿透并充斥宇宙间每一个空隙，它蕴藏于万物之中，穿行于万物之间。一切生命皆源于它，它的生命即万物的生命。

人就是这种有生命的物质，人本身具有健康法则。人的健康法则一旦被充分而积极地调动起来，便会促使人的自主机能全面发挥作用。

真正让疾病得以痊愈的，很多时候是人所具有的健康法则，这种健康法则通过特定方式在积极活动。

我现在要来证明刚才的话。我们都知道，治病的方法多种多样，而且常常大相径庭。采用对抗疗法的医生开出大剂量药物治疗自己的病人；而针对相似的病情，采用顺势疗法的医生开出的药物剂量极小，也能治疗自己的病人。两种治疗方法在理论和实践上根本对立，但两者都“治疗”大多数疾病。甚至同一个学派的医生使用的治疗方法也不尽相同。如果让五六个医生来给消化不良的病人开处方，也许他们任何一位处方中开出的药物都不会出现在其他医生的处方之中。

人对事物的思考方式是由他对事物的信赖所决定的。人的思想由人的信仰所决定，其结果仰仗的是他对自身信念的运用。如果人相信药物的疗效，并将这种信念运用于自身，那么这种药物就更容易使他康复；但是，尽管他有坚定的信念，如果他不能将其用于自身，他的病就治不好。有信念并加以实施，就有疗效；信念再坚定，或想法再持久，不亲身实践就没有疗效。因此，要想身体健康涉及思想和行动两个方面。要获得健康仅仅以特定方式思考是不够的，还必须将其思想应用于自身。人必须表达自己的思想，使其在自己的外在生活中具体化，人的行为方式要与思考方式一致。

第 2 章　信念的基础

人应当相信某些道理，才能够按照上文所说的方式去思考。这些道理是什么呢？我简单说明一下。万物均由一种有生命力的物质形成，这种物质以其原初状态渗入、穿透并充斥宇宙的每一个空隙，我们称它为原物质。原物质的生命和智慧都蕴藏于万物之中，它能够借助自身的运动创造出各种不同的形态。由原物质创造出的形态各有自己的运动法则，而且这种法则是永恒不变的。

人体是由原物质经过特定运动而形成的结果。生成、更新、修护人体的这些运动称为机能，这些机能分为两类：自主机能和非自主机能。自主机能包括吃、喝、呼吸和睡眠，非自主机能受人的健康法则的控制，只要人以特定方式思考，非自主机能就会以完全健康的方式履行职责。

人的意识能完全或部分地指导这些机能，人只要愿意，这些机能就可以健康地运行。如果机能运作的方式不健康，人就不会长久健康。因此我们看到，如果人以特定方式思考，并按照相应的方式吃、喝、呼吸和睡眠，他就更容易获得健康。由于生命的非自主机能受健康法则的直接控制，只要你以完全健康的方式思考，这些机能就能很好地发挥作用，因为健康法则的行为主要受制于人的意识思维，影响人的潜意识。

人是有思想的，但不可能什么都知道，所以他会犯错误，会想错问题。由于不是万事皆知，有时就可能无法分辨对与错，当大脑认定自己体弱有病，身体机能异常时，就会误读健康法则，身体就会出现有病和机能异常的状况。

在原物质中只存在完美的运动、完好而健康的机能和完整的生命，大自然从未想到过疾病或缺陷。但是，自古以来，人就认为疾病、残疾、年老、死亡这些现象的存在是理所当然的，是人类遗传的一部分。自古以来，在人的形态和机能这方面，我们的祖先有许多不恰当的想法，他们一开始就在潜意识里有种印象：自己的种族似乎有缺陷或疾病。

这不是自然的，也不是大自然的组成部分。自然的目的只是要生命完美。这一点我们从生命本身的特性就能得知。不断朝着更加完美的生活前进是生命的本质，前进是这种生活行为不可避免的结果。无论过什么样的生活，都要日益丰富，成长壮大永远是积极生活的结果。谷仓里的种子有生命，但是它没有生气；把种子埋在土壤里，它就有了生命力，开始从周围的物质中聚集能量，慢慢长成一株植物，继而成熟抽穗，种子穗又孕育出30粒、60粒，甚至上百粒种子，每粒种子拥有的生命力就如同第一粒那样。生命在生存中成长、壮大。

没有增长就没有生命。生命的基本推动力就是生存下去。正是对这种基本推动力的回应，原物质才发挥作用并创造奇迹。宇宙是一个伟大的不断发展的生命体，自然的目的是推动生命走向完美，让身体机能实现完美。自然的目的是完完全全的健康。就人类而言，大自然的目的是促使人不断充实、丰富自己，向生命的完美进发，尽可能地在自己当前的活动范围内过最完美的生活。

一定是这样，因为人身上的那种本源就是追求更强的生命活力。

给孩子一支笔、一张纸，他便开始画一些简单的图形，他内心的活力想用画笔表现自己；给孩子一盒积木，他会用积木搭建什么，他内心的活力想用建筑物表达思想；让孩子坐在钢琴前，他会用琴键弹出和弦，他内心的活力想用音乐表达情感。人的生命本源永远想追求更多的生命，有了更多的生命就能生活得更加美好。人心中的自然法则只是要追求健康，人的自然状态是完全健康的状态，他的一切、自然的一切总是向健康迈进。

综上所述，我们认识到，健康是造就我们人的原物质中的事实或真理；疾病是机能的异常表现，是人反常的表现。

按照原物质去思考的人是健康的，人不健康往往是因为他没有用健康方式行使生命的自主机能。

这里我们要简要梳理一下本书的基本道理。

有一种思维物质，万物均由此而生。这种物质以原始状态渗入、穿透、充斥宇宙的各个部分，它是万物的生命。

人是能够思考的，有独到的见解，人的思想有能力控制人的活动。人的思想有缺陷，他的活动就会出现问题；如果人以异常的方式行使生命的自主机能，他就要生病。

如果人认定自己是完全健康的，就会激发他身体内的健康因素，生命中一切能量都会被调动起来助他一臂之力。而且，他必须健康地行使生存的自主机能，这种健康的活动才会持续下去。

因此，要想获得健康，我们要做的第一步是学会如何思考自己是完全健康的；第二步是学会如何健康地吃、喝、呼吸、睡觉。这两个步骤是保持健康的关键。

第3章　生命与其有机构造

人体是能量的永存之地，能量将耗尽时还会再生。能量可以消除废物或毒素，修复损坏或受伤的肌体。这种能量，我们称为生命。生命造就了身体。

仓库里存放多年的种子，一旦种在地里就会成长为植物。但是植物的生长不是由于自身的作用，而是生命使植物生长起来的。

机能的运行不会带来生命，是生命使机能得以运转。生命在先，机能随后。

生命将有机物与无机物区分开来，它是产生有机体的要素。

万物的生命法则是人的健康法则，只要人以特定的方式去思考，生命法则就变得积极活跃。因此，以特定方式思考，把外在活动与内在思想统一起来，并通过行动去实践，人就会获得健康。如果仅仅是思想上与健康法则合一，却像病人那样吃、喝、呼吸、睡觉，那么人想要健康是不可能的。

人的想法不正确，一般不会马上产生不正常和不健全的活动；但是，如果总是抱有错误的想法，就会出现不正常的机能活动。人连续持有的任何思想都很容易在其肌体内引起相应的反应。

而且，人也没有学会如何健康地行使生命的自主机能。我们不知道什么时候吃、吃什么、怎么吃，我们对呼吸知之甚少，也不太了解睡眠问题。我们在错误的环境下以错误的方式行事，因为我们忘了要遵循唯一可靠的指南去了解生命。我们不是靠本能生活，而是依照逻辑生活；生活本是一件自然的事，我们却把它看作一门艺术。我们错了。

我们唯一的补救“良方”是要开始正确地生活，这一点我们肯定能做到。本书的任务就是传授这些道理，这样，阅读本书的人就会知之甚多，不犯错误。

对疾病过分的思虑会产生或加重疾病，人应当学会一心只想健康。由于原物质会按照自己的想法呈现具体形态，人也会变成健康的形态，并在他所有的机能活动中表现得十分健康。那些因触摸了“圣人”遗骨而得以康复的人们，实际上是因其采用了某种正确的思考方式，而非遗骨的某种神力。死人的遗骨中不存在治愈力，无论这些遗骨是圣人的还是罪人的。

那些被对抗疗法或顺势疗法治愈的人，实际上很大程度上也是被某种思维方式治愈的；一连串的喃喃自语中没有任何治愈疾病的力量。

所有被治愈的病人，无论通过什么途径，都曾经以特定的方式思考。我们稍加分析就能说明这是怎么一回事。

以特定方式思考的两个基本要素会使你健康：首先，树立起要求拥有健康的信念；其次，在精神上切断与疾病的联系，建立与健康的联系。很多时候，心理上我们怎样想，身体上我们往往就会怎样表现，心理上我们与什么相关，身体上我们就往往与什么相关。如果我们总是想自己有病，那么这些想法会变成顽固的力量，使我们疾病加重。

对于被药物治愈的人，情况也是同样的。这些人在有意或无意中产生的信念，某种程度上能让他们在心理上远离疾病，接近健康。信念可能是下意识的，我们有可能生来在潜意识里就相信药物一类的东西，这种下意识的相信足以促使健康法则成为积极的活动。许多人就这样被治愈了。

在本书中，我们有两个问题要思考：第一，如何怀着信念思考；第二，如何将我们的想法运用于我们自身，从而促使健康法则成为积极的活动。现在让我们从要思考什么开始吧。

第4章　我们要思考什么

为了在精神上切断与疾病过多的关系，人必须抱着积极的、乐于接受的态度在精神上建立与健康的关系。人要接受健康或拥有健康，而不是拒绝疾病或否认疾病。那么，根据本书，我们要迈出的第一步就是完全在思想上建立与健康的联系。这样做最好的方式就是在脑海里描绘出自己健康的样子，想象自己有一个非常强壮而健康的体魄。要花足够的时间苦思冥想，使自己习惯于这样的想象。这听上去容易，做起来却难，因为不仅要花上大量的时间，而且并非所有人都有那么出色的想象力，能想象出自己有一个完美或理想的身体。正如《成就财富》中表明的，在头脑中描绘自己想拥有的东西比较容易；因为我们见过这些东西或与之相似的东西，我们知道这些东西的模样，很容易从记忆中把它搜寻出来。但是我们从未看到一个十分健康的自己，因此很难形成一个清晰的图像。

其实按照自己的希望清晰地描绘出自己健康的样子，并不是必需的。形成一种完全健康的观念才是必需的。这种健康观念不是某种影像，它是对健康的理解，是一种认为自己身体的每个部位、每个器官都能健康运作的看法。你可以努力想象自己体形很完美，这样做很有帮助，你还必须认定自己做什么都像一个身体完全强壮而健康的人。你可以想象自己走在大街上，身体笔直，步伐有力；想象自己工作起来毫无困难，体力充沛，从不疲倦，从不虚弱；想象自己身体健康、能力强大，有条不紊地完成工作任务。绝不要想象病怏怏的人做事的样子，要想象身体强壮的人做事的样子。在闲暇时间想象强壮的样子，直到你对其形成一个良好的概念。这就是我说的要有一个健康观念。

我们无须熟悉解剖学或生理学，不必学会“医治”自己的肝、肾、胃、心脏。人有一种健康法则，能控制他生命的所有非自主性机能，能让身体的每一个部位都健康运作。完全健康的思想将这一法则传递给大脑，到达我们身体的每个部位、每个器官。不存在所谓的肝脏法则或消化法则，健康法则只有一个。

全面认识生理学的好处是，能使人只思考身体的健康，健康地吃、喝、呼吸和睡觉。但实际上，完全不懂生理学也可以做到这些。

健康学多半也是如此。一些基本观点我们应该知道，这些会在以后的章节中进行解释。但是除此之外，不要过度为生理学和健康学中的一些细节担忧。过分担忧可能会使你满脑子都在想不好的事情，从而使你身体产生不好的状况。

放弃所有关于自己当前身体状况的过多的调查研究，着手建立健康的观念。

想想健康和健康的可能性，想想在身体完全健康的情况下要做的事，想想身体完全健康带来的快乐。然后让这种观念成为指南，片刻也不要接受与此不和谐的想法。当脑子里有了疾病或者异常活动的想法时，立即赶走这些想法，呼唤与健康观念和谐一致的想法。

随时随地想着自己正逐渐认识这种观念，正渐渐成为特别强壮、特别健康的人，不要让对立的思想停留在脑海之中。

当你按照与这个观念一致的思想思考自己时，渗入和充斥你身体组织的原物质会根据这种思想形成；这种智慧物质或称作精神素材的东西将使机能运转起来，你的身体将由完全健康的细胞重新构造而成。生成万物的这种智慧物质渗入万物并穿行于万物之中，因此它也在你的身体里穿行。它随你的思想运动，如果你认为自己的机能十分健康，就会促使你身体健康机能的运动。坚持相信自己完全健康，不要让自己有其他想法。诚心诚意地坚信这就是事实。

人有精神之躯和自然之躯。精神之躯的形成取决于人对自身的认识。如果将机能完美活动的想法注入精神之躯，就会适时地促使自然之躯完美地活动起来。

精神之躯与自然之躯的转换不是瞬时完成的，在形态的创造和再创造的过程之中，原物质沿其固定的发展路线运动，健康的思想通过影响一个个细胞而形成了健康的身体。心怀全面健康的思想将最终产生完美的肌体活动，最终产生健康的身体。

本章内容可以浓缩为以下要点：

智慧物质渗透并充斥人的自然之躯，从而形成由精神素材组成的身体。

精神素材控制自然之躯的活动。对疾病或异常机能的思虑影响了精神素材，使自然之躯产生疾病或异常活动。我们生活之初就有许多潜意识的印象，既有对的，也有错的。但是，所有人都自然而然地喜欢健康，如果人的意识中只有健康意识，一切内在活动都会以更加健康的方式进行。

人体内的自然之力一定程度上可以帮助你战胜疾病，请你学会控制自己的想法，一心只想着自己的健康。请你以完全健康的方式运行生命的自主机能，从而收获健康。

第 5 章　树立健康的信念

健康法则由信念驱动，信念能使人在思想上与健康建立关系，切断与疾病的关系。对健康没有信心，就会不断思虑疾病。人没有信念，就会产生疑虑，继而会害怕，总是想着所惧怕的事物。如果害怕有病，就以为自己与疾病有关，身体就会产生疾病的状态和活动。就像原物质从自身生成各种思想一样，人的精神之躯也会形成你以为的状态和活动。

智慧存在于人的体内，驱使人向着健康的方向发展。人生活、运动，将其身心置于无限的健康力量之中，并按照自己的信念运用这种力量。如果人拥有这种力量，并将其用于自身，他就能使其成为自己的；如果人无条件地相信并将自身与这种力量融合起来，他就能得到健康，因为这种原物质的力量是天地之间一切力量的总和。

相信上述观点是相信健康的基础。如果你相信这些观点，就是相信健康

是人的自然状态，人生活在普遍健康之中。自然的一切力量都有益于健康，所有人都可能健康，所有人都能得到健康。如果你认真读完本书，决定相信并实践书中的道理，你就具备了这种信念和知识。

人不仅要有信念，还要将信念运用起来，这样才有治愈力。必须在一开始就树立健康的欲望，建立健康的观念，尽可能想象自己是完全健康的人。有了信念，你还要将这种观念变成现实。

不要充满信心地说自己要好起来了，要充满信心地说自己就是健康的。实现健康的第一步是相信这个观点是对的。心理上要有“我十分健康”的态度，言与行都不能与这个态度相矛盾。走路时，要迈着轻快的步子，挺胸抬头，要随时随地注意自己的行动和态度是不是健康人的行动和态度。当发现自己故态复萌，像个弱不禁风的病人，要赶快纠正过来，重新挺直身体，继续去想健康和力量。

时时刻刻要有感恩的心，感恩的作用是：它加强你的信念。你相信存在一种智慧物质，一切生命，一切力量均源于此；你相信自己从这种物质中得到生命；你不断表示感激，将自己与它紧紧联系起来。我们很容易发现，人与生命之源关联得越紧，就越容易由此得到生命。同时我们也看到，这种关系是精神关系。显而易见，心怀深切感恩之心的人对此有更深的认识。感恩的人总是愿意接受馈赠，并不断地接受馈赠。

人的健康法则接受来自宇宙生命之源的生命力。

人相信健康，感谢他得到的健康，将自身与生命之源联系起来。

人在正确运用其意志时，既建立起信念，又培养出感恩之心。

第 6 章 意志的运用

实践证明，意志不是用来强迫自己去做那些力所不能及的事情的。不要用自己的自然之躯指挥自己的意志，也不要用意志力强迫内在机能正确运行。

人要用心智指挥意志，用它来决定自己相信什么，自己想要什么，自己应该重视什么。

意志绝不能用于自身之外的任何人或物上，也绝不能将其作用于自己的身体。意志唯一合理的使用是决定你要关注什么，以及在关注的事物上你应该思考什么。

一切信仰始于想要去相信的意愿。

人可以下决心去相信自己想相信的。人想要相信健康的道理，就可以下决心去相信；你在书中读到的就是健康的道理，你可以下决心相信这些道理。这是帮助你迈向健康的第一步。

当你愿意相信这些道理，就应当照这些道理去做，这样才能长久坚持这个信念，直到信念变成一种信仰。若你只想不做，当然不可能有好的结果。如果你的行为老像个病人，你就不可能长久地相信健康；如果你的行为老像个病人，你就会一直认为自己真的病了。

想要外表健康，第一步就是要在内心觉得自己是个健康的人。建立自己健康的观念，学会认为自己是健康的，直到这些想法对自己有了明确的意义。想象自己做起事来就像个健康而强壮的人，不断这样做下去，直到脑子里有了一个鲜活的根深蒂固的健康观念。本书中，我在谈到健康观念时，主要是指健康人的模样和他做事的方式。把自己与健康关联起来，直到弄明白如何像健康人一样生活、表现、行动和做事。把自己与健康联想在一起，直至把自己想象为做什么都像个健康人。正如我在前面章节中所说的，人可能无法在脑海中形成自己完全健康的清晰图像，但是人可以建立这样的观念，自己的所作所为就像个健康的人。

运用自己的意志力只选择健康思想，调整自己的环境，让环境使人联想起健康。不要在自己周围摆放那些暗示死亡、疾病、畸形、虚弱或年龄的书籍、照片或其他东西，只留下传递健康、力量、快乐、活力、青春等信息的东西。看到暗示疾病的书籍或别的什么，不要理会它。只想健康观念，只怀感恩之心，要像上面说的那样坚定，用自己的意志力将注意力放在健康之上。在以后的章节中，我还要说说这个问题；我想在这里说清楚的是，人要一心只想健康，只领会健康，只关注健康；人应当学会用自己的意志去引导自己的思想、识别力和注意力。

不要用意志力强迫自己体内机能健康运行。只要人积极去关注健康，健康自己就会发挥作用。

宇宙万物都希望你健康。你不需要克服什么，唯有你思虑疾病和焦虑的习惯需要克服；你只要养成好的习惯就能克服它，那就是用另一种特定方式在内心树立健康的信念。不断以特定方式思考问题，以特定方式行使外在机能，将有助于你使体内机能更加健康地运行。

第 7 章　与万物协调而获得健康

在本章中我要解释人如何获得健康。创造万物的思维物质穿行于万物之中，寻求更加完美的表现和更加丰富的生活。这种智慧物质以一种完全的流体状态，渗入万物，穿透万物，与所有人保持接触。它是一切能量之源，力量之源。它努力实现的目标很明确，那就是将生命推向思想的完美体现。当人与智慧物质和谐一致时，它能够而且会给予人健康和智慧。当人怀着信念坚持这个目标，要生活得富足时，便与最高智慧和谐一致。

所有人要生活得丰富多彩，如果你的目的也是这样，就与大自然达成了一致；你想要与他合作，他必定与你合作。如果你与其和谐一致，你就必定与万物和谐一致，你会渴望所有人以及你自己都生活得更加丰富多彩。

最重要的是，你将得到智慧。说到智慧，我指的不是对事实的知晓，而是指感知并了解事实的能力，以及正确判断事物和正确行事的能力。智慧是领会真理的能力，是立即发觉要瞄准的最佳目标以及达到该目标的最佳手段的能力。伴随智慧而来的是为人处世的沉着，以及正确思考的能力、控制和指导自己的思想的能力、规避因错误的想法而出现的困难的能力。有了智慧，人就能为自己的需求选择适合的路径，用各种方法管理好自己，获得最佳结果。

但是，我再重复一遍，你只有与万物和谐一致才能成为自然智慧的一部分。如果你的愿望或目的中有对别人的压迫，有不公正，或使他人丧失生命，你就得不到自然给予的智慧。同时，你自己的目的也必须是最高尚的。

人可以有三种生活方式：一是满足身体的需求，二是满足智力的需求，三是满足心灵的需求。第一种生活方式满足了人对食物、饮品和其他东西的渴望，使人获得愉悦的身体感受；第二种生活方式是通过做事满足人对知识、漂亮衣服、名誉、权力等的渴望，给人带来愉快的心理感受；第三种生活方式是从利他主义本能中获得心灵的愉悦。

为满足身体的需求而活，这种活法与牲畜无异，是不明智的；为享受才智而活，也活得不明智；完全为实践利他主义而活，为他人而放弃自己，就像那些做事过头的人一样不明智。

人必须有目的地生活；活得让自己的身体、心智、心灵的能力发挥到极致。这就需要以各种方式全面运用身体机能，但不要过度；因为在一个方面的过度会引起其他方面的不足。人的智慧渴望生活得更加丰富，这引起了人对丰富生活的向往、对健康的渴望。所以，当你朝着完美健康迈进时，要坚持生命的完整这一目标，即在身体上、智力上、精神上全面发展；要千方百计生活得更加丰富；这样你就会得到智慧。智慧是人可以得到的最称心如意的礼物，因为智慧能使人正确地自我管理。智慧并不是人可以得到的全部，人还可以得到体能、活力、生命力。开头很重要，人在一开始的时候就表现得很有智慧的话，以后就能在极大程度上施展他的智慧。对人实力的衡量不是上天赐予他多少，而是他自己凭借意志和智慧能够拥有多少。

以赛跑运动为例，在运动员的体能看似消耗殆尽时，如果他以特定方式跑下去，或许会恢复正常呼吸；他的体能将不可思议地得到补充，他可以继续跑下去；继续以这种方式跑，他会第三次、第四次、第五次恢复正常呼吸；我们不知道限度在哪里。当然，运动员必须坚信力量会来到，坚信自己有能力继续跑下去。如果他心存疑虑，就会筋疲力尽；如果他停下来等待体力恢复，会白等一场。

同样，心怀健康信念的病人，他的期望能使他与力量之源协调一致，他以特定方式行使生命的自主机能，从而会得到重要的能量，这能量能够满足他的需求，缓解他的痛苦。

第 8 章　我们什么时候吃

构造并保持一个非常健康的体魄，我们不能只依靠精神活动、潜意识思维或非自主性行为，还有一些自主性行为直接与生命本身的延续相关，那就是吃、喝、呼吸和睡眠。无论人的思想或心理态度是什么，如果不吃、不喝、不呼吸、不睡觉，他就无法生存；如果人吃、喝、睡眠违背自然规律或不正确，他的身体就不健康。因此，人们学会正确地行使这些自主机能是极其重要的。下面我就来说明这个道理，我们从吃开始，因为吃最重要。

关于什么时候吃、吃什么、怎样吃和吃多少的问题，向来存在诸多纷争。其实正确的方法很容易找到，因此所有这类争论都是多余的，我们只要考虑那条获得健康、财富、权力或幸福的法则就好。这条法则是：我们必须做我们在当前环境下能做的事；必须尽可能以最正确的方式做每一件事，并

且将信念的力量置于每个行动当中。

消化和吸收的过程是由大脑的某个区域来管理、控制的，这种现象通常被称为潜意识心理活动，它掌管生命的所有机能和变化过程。当人体需要更多的食物时，潜意识会反映出饥饿感，这时就到了该进餐的时间。不管人对食物的需求看似有多大，在没有饥饿感的情况下，吃东西就是违背自然的，是错误的。就算你非常消瘦，别人觉得你似乎没吃饱，但如果你并不感到饥饿，就不应该不定时地乱吃东西。

如果没有饥饿感，你完全不需要用餐，因为即使吃了也无法很好地摄取。每当需要食物时，潜意识会发出饥饿的信号，如果身体有消化和吸收的能力，食物就能够被正常摄取。在没有饥饿感时吃下东西，有时食物也能被消化和吸收，这是因为大自然做出了一个特殊的努力，来执行违反其意愿的任务；但是，如果在没有饥饿感时进食成为习惯，消化功能将遭到破坏，从而导致病害无数。

由此看来，人类自然的、有益于健康的进餐时间就是他们感到饥饿的时候，这个结论是不言而喻的。反之，人在没有饥饿感时进食，就不是自然的、健康的行为。你看，合乎科学地解决什么时候进餐的问题其实是一件容易的事情。总是在饿的时候吃，不饿的时候绝不吃，这就是顺从自然。

但是，我们一定要弄清楚饥饿与食欲之间的区别。饥饿是潜意识要人们用更多的养料补充和修复身体，保持体内的热量。身体需要补充更多养分时，以及胃有消化食物的能力时，人才会感到饥饿。食欲则是一种感官上的欲求。醉汉有对酒精的欲望，但没有对酒精的饥饿感；一个吃饱饭的人不会对糖果或甜食产生饥饿感，但是他的食欲渴望得到这些东西；人在进餐之后不会对茶、咖啡、香味扑鼻的食物产生饥饿感，不会对厨艺娴熟的厨师烹制的各种美味佳肴产生饥饿感，如果他渴望这些东西，那是因为食欲，而不是因为饥饿。

饥饿是生理上需要养料用于形成新的细胞，生理需求绝不可能是任何不合理的要求。食欲在很大程度上是一种习惯。如果人常在某个时刻吃东西，尤其是吃甜食和含香料或刺激性成分的食品，那么，欲望会经常在这个时刻产生。但是我们绝不要误以为对食物的这种习惯性欲望是饥饿；饥饿不会在特定时间出现，饥饿只会在由于工作或锻炼破坏了足够多的组织，必须摄取新的养分时才出现。

例如，人在前一天吃得饱饱的，那么当他从睡梦中醒来时是不可能真正感到饥饿的。在睡眠中身体养精蓄锐，白天摄取的食物已经消化完；睡眠后身体不会立即需要食物，除非饿着肚子睡觉。

各项机能正常的人，一般都不会一早起来就想吃饭。人不可能刚从熟睡中醒来，就马上产生真正的饥饿感。吃早餐为的是满足欲望，不是为了消除饥饿。无论你是什么人，无论你的身体状况如何，无论你工作多卖力，无论你处在什么样的环境下，除非饥肠辘辘地睡觉，否则不可能一起床就饿。

饥饿不是由睡眠引起的，而是由工作和消耗引起的。不论你是谁，你的身体状况怎样，你从事的工作是繁重还是轻松，不吃早餐对于你是合适的计划，对每个人也都是合适的计划，因为这个计划是建立在普遍法则的基础上——饥饿感在你该吃饭的时候到来。①

---

① 编者注：现代科学认为，吃早餐是对身体有益的。作者主要想表达的是不要一起来就吃，最好是在有饥饿感的时候再吃东西。

假如不吃早餐，什么时候该吃第一顿饭呢？一般中午 12 点用餐就够了，这个时间通常是最适当的时间。如果工作很繁重，中午时可以大吃一顿；如果工作很轻松，也可能会饿，但要吃得适量。我们可以订立一套通用的规则：如果有饥饿感，应该在一天的中午时分吃第一顿饭；如果不饿，就等到饿时再吃。

那么，什么时候吃第二顿饭呢？还是那个原则：不饿就不要吃。即使确实饿得心慌，盼着第二顿饭，那么也要在最合适的时候吃，不到真饿的时候不要吃。借助前面的文字，本篇回答了应该什么时候吃和多久吃一次的问题，答案就是：当你有饥饿感时吃，其他时间则可不吃。

第 9 章　我们该吃什么

我们“应该吃什么”的问题，在素食者和肉食者、生食者与熟食者，以及许许多多不同“学派”的理论家之间，似乎总有无尽的争论。很显然，如果我们信赖这些“专家”，我们就不会知道什么是人类的天然食物。让我们离开这些争论，追问自然本身，我们会发现它已经给我们留下了答案。

营养学家犯的大部分错误源自一个假设。该假设认为文明与智力的发展是违背自然的事情。该假设认为，居住在城市或乡村现代住宅里的人们，为了生存加入现代贸易或工业行列中的人们，在一个违反自然的环境里，过着违背自然的生活。这个假设是错误的。艺术和科学给予人类一切，现代化设施使人生活得更完美，人类过着的仍是最自然的生活。城市居民居住在设施现代化、通风设备良好的都市公寓里，与那些生活在树洞或地洞里的澳大利亚野蛮人相比，他们过的是更为自然的人的生活。

人吃什么应当根据他所生活的区域来定。在冰天雪地的北极地区，人需要可以提供能量的食物，那里严峻的生存环境使劳动负荷主要集中在肌肉上，所以，因纽特人主要以鲸脂和水中动物的脂肪为食物。他们不可能有其他食物；他们得不到水果、坚果或蔬菜；即使他们有这些食物，在那种气候条件下，他们也不能以这些东西为生。所以，尽管素食主义者的观点有它的道理，但因纽特人仍继续食用动物的脂肪。

而在热带地区，我们会发现人们对能提供能量的食物需求较少，人们自然而然地喜欢素食，许多人以稻米、水果为食。赤道地区的“天然”饮食完全不同于北极地区，如果没有医药学或营养学“工作者”的干扰，生活在这两个地区中的人以最恰当的方式维持自身的生存，提高自身的全面健康水平。

在气候温和的地带，人们在精神、心智和身体上需求最大，自然界也提供了最为丰富的食物。其实空谈人们应当吃什么是无用的，因为人们没有选择，他们所在的地区生长什么，他们就得吃什么，不可能让所有人都吃坚果和水果，或吃生食。而且事实已证明：大自然创造了一切生存需要的物质。因此，人类应该吃什么的问题已经有了答案。吃小麦、玉米、黑麦、燕麦、大麦、荞麦；吃蔬菜、肉、水果等人类共同的食物。自然指引人类选择自己特定的食物，并指引人类以相似的方法制作和加工食物。人类共同的食物清单很长，我们必须按照自己的口味从中选择。

如果有饥饿感再吃东西，会自然而然地选取合乎自然需求的或有益健康的食物。伐木工从早上 7 点一直工作到中午，他想吃的多半是猪肉炖豆子、牛排马铃薯、玉米面包和甘蓝，他要的是平平常常的固体食物，而不是奶油泡芙和甜食，或者核桃和生菜；对蓝领工人来说，那些食物不符合他们的正常需求。对其他人也是这样，无论是工人还是银行家，男人、女人还是孩子，因工作而感到饥饿才真是饥饿，这时才需要养料来解除饥饿。

根据职业慎选食物的观点是错误的。比如说认为伐木工吃得多，要吃固体食物；而簿记员要吃得清淡，这种观念是不对的。如果你是簿记员或其他脑力劳动者，感到饿时才吃，那时你想吃的和伐木工并没有区别。簿记员的身体和伐木工的身体是由完全相同的成分构成的，需要相同的养料进行细胞再建，既然如此，那为什么一个吃火腿、鸡蛋、玉米面包，而另一个只吃薄脆饼干和面包片呢？ 的确，伐木工消耗的更多是蛋白和肌肉，而簿记员消耗的大多是脑细胞和神经组织；事实上伐木工的饮食中同样包含再建大脑和神经所必需的物质。世界上最棒的脑力工作者的饮食其实与普通劳动人民的饮食相仿，世界上最伟大的思想家吃的也和大众常吃的差不多。簿记员应等待饥饿感来临再进食，他也可以吃火腿、鸡蛋、玉米和面包，但是不能吃太多，因为他的需求量大概只是伐木工所需食量的十分之一。

因饥饿而进食的人从不会消化不良，消化不良永远是为了满足欲望贪吃而引起的。如果你按照下一章节说明的方法去吃，你的口味很快会变得正常，不再吃那些吃了就难受的东西；你就可以不去想“吃什么”这个令人焦虑的问题，而是吃你想要吃的东西。实际上，什么都不想，一心只想健康才是唯一要做的事，因为在你不确定吃什么才对的时候，是无法一心只想健康的。

如果适时合理地进食，高档食物也好，普通食物也好，都能滋养我们的身体。想吃肉就吃肉，不想吃肉就不要吃，不要认为非得找一些专门的替代品。没有肉，我们仍然可以生活得很好。也没有必要为了获取所有必需的元素而担忧饮食是否多样化。中国人和印度人身体健康，头脑卓越，靠的是很少变化的日常饮食，稻米几乎是他们的全部；苏格兰人身心强健，靠的是燕麦糕饼；爱尔兰人身体强壮、头脑聪慧，靠的是马铃薯和猪肉。小麦浆果实际上包含了人大脑和身体所需的所有营养，人单靠菜豆就可以生活得很好。

为自己树立一个完全健康的观念，丢掉一切对健康不利的想法。

没有饥饿感时就不进食。记住，短时间内感到饥饿没有一点伤害，但是经常在不饿时进食，往往会有害。丝毫不要去想自己该吃什么或不该吃什么，就是吃摆放在你面前的东西，选择令你的味觉最愉快的东西。换句话说，吃你想吃的。如果吃的方法得当，其结果会很完美。究竟该怎么做，我们在下一章讲给你听。

第 10 章　我们该怎样吃

我们都知道吃东西应当咀嚼，咀嚼食物是合乎自然的；我们咀嚼得越彻底，咀嚼的过程就必定更接近自然。如果能把每一口都嚼得烂烂的，就不需要在乎该吃些什么，因为，我们能够从任何普普通通的食物中得到足够的营养。

至于这种咀嚼过程是令人生厌的，还是令人愉快的，取决于我们坐到饭桌旁时的心态。如果我们的心思在其他事情上，比如正在为生意或家事焦虑、担忧，那就几乎做不到细嚼慢咽地进餐。必须学会科学地生活，不要老想着生意或家事；如果这一点我们能做到，我们也就能做到吃饭时全神贯注。吃饭时一心只想从饭菜里享受乐趣，从心里排除其他所有杂念；结束进餐之前，不要让任何事情把我们的注意力从食物和它的味道上转移开来。要

愉快而充满信心，相信我们所吃的食物是对的，是完全适合自己的。

自信满满、快快乐乐地坐在饭桌边，吃得要适量，挑那些看起来最令你想吃的吃。不要因为那种食物对你有好处就选择它，要选择你觉得味道不错的食物，而且要注意饭量适度。

注意力不应放在咀嚼的动作上，而应放在食物的味道上，品尝、享受，直到把食物嚼烂并顺畅地咽下去。无须考虑进餐时间的长短，只需想味道如何。目光不要在桌上来回游荡，盘算着下一个要吃什么；也不要担心食物够不够，能不能吃上自己那份儿；不要猜想下一道菜的味道如何，一心想着嘴里食物的滋味就行了。

在学会如何科学健康地进食，并且克服了狼吞虎咽的坏毛病之后，吃饭便是一个令人愉快的过程。吃饭时最好不要过多地交谈。要开开心心，不要喋喋不休；有什么话，饭后再说。

大多数情况下，我们需要养成正确进食的习惯。狼吞虎咽的习惯是违背自然的，这多半是因担忧引起的：害怕别人抢走自己的食物，害怕自己没吃到好东西，害怕浪费宝贵的时间——这些都是吃饭匆忙的原因。

进餐时，有的人会期盼餐后的甜点；有的人吃饭时会出神，心里想着别的事情。所有这些都必须克服。

在发现自己心绪不宁时，要马上定下心来，想一想食物，想一想它们的味道有多美，想进餐后食物得到完全消化和吸收会使自己得到健康。一而再，再而三，一顿饭的工夫也许要这么想上 20 次，直到注意力重新回到食物上来。每周、每月、每餐都这样想。坚持下去，就一定会养成习惯。一旦习惯养成，你会感受到从未有过的那种有益于健康的愉悦心情。

一定要把这个观点深深地印在你脑海里：假定食物合适，烹煮得当，健康法则肯定会打造一个完全健康的你。采纳我说的方法，就能对食物进行完美的消化和吸收。如果想要拥有完全健康的身体，就按照这个方法去做，相信你能做到。其实这仅仅是个小小的毅力问题。吃饭时不狼吞虎咽是件很简单的事，你应该有足够的心理控制能力；在短短的15分钟或20分钟里，专心致志、心情愉悦地享用美食，对你来说并非难事。

坚持下去，克服困难，培养良好的进餐习惯。几个星期或几个月以后，或许你会发现科学的进餐习惯变成了常态；很快，你将会拥有健康的身心，没有任何东西会使你回到以前的坏习惯上。

因此，如果只考虑健康的想法，人的体内机能将按照一种健康的方式运转；心中想要健康，人必须健康地行使自主性机能。最重要的自主性机能是吃。到目前为止，我们发现按照完全健康的方式吃饭，没有什么特别的困难。

这里，我总结一下什么时候吃、吃什么、怎样吃，以及这样做的理由。

首先是什么时候吃。答案是：饿了再吃，不管你多长时间没进食。因为当身体需要食物而又有消化能力时，潜意识会通过饥饿感发出需要进食的信号。学会区分真正的饥饿感和食欲。饥饿时人虚弱无力，肚子咕咕叫，这并不是令人不快的感觉。饥饿是愉快的，是期待食物的一种渴望，口腔和喉咙都有感觉。饥饿感不会在特定时间到来，也不会每隔一段时间就到来。当潜意识准备接收、消化和吸收食物时，饥饿感才会到来。

其次是吃什么。答案是：吃你想吃的，选择你生活地区的主要食物。上天已经指导我们怎样挑选食物，这些食物对人类很适合。当然，我指的是用于解除饥饿的食物，而不是纯粹用来满足食欲或异常口味的食物。

最后是怎么吃。答案是：应快乐自信地吃饭，从每一口食物的味道中获得愉悦。将每一口饭嚼碎嚼烂，将注意力集中在令人愉快的享受过程中。这是完美而成功的唯一的进食方法。一般来说，一件事情的过程完成得好，结果也是好的。

当你以我所讲述的心理态度和我说明的方式方法进餐时，进餐的过程无须再添加什么就已经很完美、很成功了。如果进餐成功，消化、吸收和打造一个健康身体的过程也就成功地开始了。下面我们继续谈一谈需要多少食量的问题。

第 11 章　饥饿与食欲

我们应当吃多少？这个问题的正确答案很容易找到：在真正感到饥饿之前不进食，在饥饿感消除之时停止进食。绝不要狼吞虎咽，绝不要吃得过饱。人在吃饱之前，会一直感到饥饿，饥饿感消除了，说明已经饱了。

如果你按照上篇建议的那样吃饭，有可能在吃不到往常饭量的一半时，就开始感到满足了。虽然吃得不多，还是就此打住吧。无论餐后甜点多么招人喜爱，馅饼或布丁多么诱人，如果发现饥饿感已经因吃过其他食物而减轻了，就一口也不要吃。

在饥饿感减弱后，无论吃什么都是为满足味觉享受和食欲，而不是为了充饥，因为这已经不是生理需求了，这属于无节制和放纵，必定会造成伤害，引起病痛。对我们大多数人来说，为满足食欲而吃喝的习惯是根深蒂固的。我们常吃的餐后甜点味美诱人，纯粹是用来诱惑人们在饥饿已解之后还要再吃一点。所有这一切都是有害的。并不是说馅饼和蛋糕有害身体健康；如果用来充饥而不是满足食欲，馅饼和蛋糕完全有益于健康。想吃馅饼、蛋糕或是布丁，最好在开始吃饭的时候就吃，而以清淡的、不那么好吃的食物结束用餐。

如果像前面章节里介绍的那样有节制地进餐，我们会发现，最普通的食物马上变得如同美味佳肴。因为人的感官会随着自身状况的总体改进而变得敏锐，此时人会在极为平常的事物中发现新的乐趣。在饥饿的时候进食，我们将从每一口饭中获取最多的养分；贪吃的人永远不能像我们那样享受进餐的乐趣。

饥饿感减少的最初暗示来自潜意识发出的信号，它提示人们该停止进食了。接受这种生活方式的普通人会非常惊讶地发现：保持身体完美状态真正需要的食物这么少啊！摄取食量的多少取决于工作性质，取决于进行了多少肌肉锻炼，取决于人暴露在严寒中的程度。伐木工在冬季进入深山老林，整天挥动着斧头，他需要饱饱地吃上两顿饭；而脑力劳动者待在温暖的室内，整天坐在椅子上不动，他所需的饭量还不到伐木工的三分之一，甚至都不到十分之一。大多数伐木工的饭量是生理需求的两倍到三倍，而大多数脑力工作者吃下的食物是生理需求的三倍到十倍。他们需要从体内排出大量多余的垃圾，对于人的生命力来说是个沉重的负担，这个负担迟早会耗尽他们的能量，使他们成为疾病的俘虏。

从食物中享受尽可能多的乐趣吧，但绝不能仅仅因为食物味道可口就吃；在饥饿感不是很强烈时就停止进餐吧。

假如你思考片刻，就会确信只有接纳这里为你制定的方案，其他方法均无法为你解决各种各样的饮食问题。

我重申一遍，任何事情的成功都是由其本身每一个单独行动的成功组合而成的。一件事无论怎样微不足道，怎样无关紧要，你都做得十分成功，那么你的日常活动总体上说就不会是失败的。如果你每天的行动都顺顺当当，那么你一生行动的总和就不会是失败的。

巨大的成功是做了许许多多小事的结果，而且每一件小事都做得非常出色。如果每一个想法都是健康的，而且生活中每一个行动都以健康的方法完成，你在不久的将来一定会达到完美健康的状态。请细细咀嚼每一口食物，充分享受食物的味道，同时保持一种乐观的心态。我们想不出一种比这更有效，更符合生命法则的进食方法。我们也无须添加什么，也无须减少什么。

就吃多少而论，你也会发现其他指南不如我说得那么自然，那么安全，那么值得信赖。

仔细阅读下面章节里的总结，我们会看到对完全健康进餐的要求又少又简单。

饮水问题在这里可以三言两语简单带过。如果你进食的方式得当，就无须在喝水的问题上限制自己。可以偶尔喝一杯淡咖啡，这不会有什么害处；也可以适当地入乡随俗。但不要养成总去开冷饮柜的习惯，不要为满足对甜饮料的嗜好而喝水。一般来说是在口渴时才喝水，但即使口不渴，也可时不时地喝点水；绝不要忙得顾不上喝水，或者以为喝水无关紧要。只要遵循这个原则，你就会对奇奇怪怪的饮料，非天然饮料没有什么兴趣了。这是一种健康的方法，这种方法向身体提供真正必要的液体养分，以促进肌体内的新陈代谢。

第 12 章　小结：坚持理念，有规律地生活

有一种宇宙生命，它渗入、穿透并充斥宇宙的每个空隙，存在于万物之中，又穿行于万物之间。这种生命不仅是能量的运动，它还是生命力的物质。万物皆由它而生；它是万物，在万物之中。这种物质会思考，它呈现的形式就是它思考的形式。在这种物质中，对形态的思考产生形态；对运动的思考产生运动。可见宇宙以其所有形态和所有运动存在着，因为它就在原物质的思考之中。

人是一种原物质，人有独创性思维；在人的内心，他的思想有控制力或构成力。对条件的思考产生条件，对运动的思考产生运动。只要人思考疾病的症状和活动，疾病的症状和活动就在他的体内长期存在；如果人只想完全健康，他体内的健康法则就会保持正常状态。

要想健康，人必须建立完全健康的观念，健康观念与他自己、与万物有关，要与这样的观念和谐一致。人必须只想健康的状态和活动，不允许不健康或不正常的状态或活动在其大脑中找到立足之地。

为了只想健康的状态和活动，人必须完全健康地行使生命的自主行为。一旦觉得生活得不对或不健康，或者说，一旦对自己的生活方式是否健康有所怀疑，他就没有完全健康的思想。当我们像病人那样行使自己的自主性机能时，我们就不可能有完全健康的思想。

生命的自主性机能是吃、喝、呼吸和睡眠。当人只想健康的状态和活

动，并以完全健康的方式行使这些外在机能时，他一定是完全健康的。吃东西时，人必须学会接受饥饿的引领，必须区别什么是饥饿、什么是食欲，区别饥饿和出于习惯的欲望。除非感到饿了，否则绝不要吃。人要了解真正的饥饿绝不会在自然睡眠之后出现，那种早晨对食物的需求纯粹是习惯和食欲的问题；人不要违反自然规律，一清早就吃东西，一定要等到饿了再吃。在多数情况下，这种饥饿感使人的第一餐在中午时分到来。无论人的状况、职业、环境如何，他必须为自己立下规矩，不饿不吃东西。记住人在感到饥饿之后禁食几个小时，要远远好于一感到饿就吃。饿上几个小时对人没有害，即使是在辛苦工作；但如果不饿的时候去填满肚子，无论是不是在工作，都会造成伤害。就吃东西的时间而言，如果不饿就不吃东西，这毫无疑问是走上了健康之路。这是不言而喻的道理。

至于吃什么，人可以听从大自然的指引，大自然是这样安排的：地球上任何特定区域的人要靠该地区的主要物产生活。无须理会那些争论，诸如某种食物应当如何烹饪；肉好还是蔬菜好；人需要碳水化合物多还是蛋白质多；等等。只是在你饿的时候吃，吃你生活的地区大众吃的那些大众化食物，并完全相信结果一定是好的。

不要追求高级的、进口的、让你垂涎欲滴的食品，坚持吃普通的固体食物，当这些东西“口味不那么好”时，那就等好吃了再吃。不要追求“清淡的”食物，不要追求好消化的，或什么“健康”食品，普通大众吃什么你就吃什么。那么，就吃什么而言，这样做就是健康的。

在决定怎么吃时，人要有理性。我们发现，一些错误认识以及诸多其他因素会引起饥饿和担心，由此造成的不正常状态使我们养成了吃饭太快、很少咀嚼的习惯。理智告诉我们，食物应该充分咀嚼，咀嚼得越充分，越易于消化。我们还发现，吃饭细嚼慢咽，把食物嚼烂，专心致志的人，比那些将食物囫囵吞下，脑子里想着别的事情的人，能享受到更多味觉上的乐趣。人完全健康地吃饭，是要集中精力、快乐地享用，要吃得安心。一定要吃出味道，要把每一口嚼烂再咽下。

关于吃什么，什么时候吃，怎样吃的问题，就讲到这里。

请把“锲而不舍”作为自己的格言；无论什么时候发现自己又按老习惯匆匆忙忙地进食了，或是又有错误的想法了，马上终止这样的表现或想法，重新开始。对你来说最为重要的是，要成为能自我克制和自我指导的人。如果你在吃饭这样简单的事情上都管不住自己，就不要指望自己能成为这样的人；如果在这方面没有自制能力，其他方面也不可能有。

第 13 章 挺直身体，做深呼吸

呼吸的作用特别重要，它直接与生命的延续有关。我们可以几小时不睡觉，许多天不吃不喝，但是不呼吸我们却憋不了几分钟。呼吸是本能的，但是呼吸的方式以及采用适当的条件使呼吸健康，属于意志力范畴。人可以自主地决定呼吸什么，如何深呼吸，如何认真呼吸；这种自主性可以使身体这个系统处于完好运转的状态。

要想完全健康地呼吸，关键问题是身体的呼吸系统要保持良好状态。要让脊柱挺直，胸肌的活动灵活、自如。如果身体佝偻着，胸部凹陷、僵硬，呼吸的方式就不正确。

几乎所有种类的工作都会使肩部前屈、脊柱弯曲，会使胸部受到挤压，这时就不可能充分地深呼吸，健康也就会出现问题。人们设计出各种各样的体操锻炼用以对抗工作造成的胸部凹陷，如双手吊在单杠上；如坐在椅子上，双脚插入重家具的底部，身体向后伸展，直至后脑触到地面；诸如此类。所有这些锻炼本身都不错，但是很少有人能够长期地坚持它而使体格真正受益。进行任何形式的“健康锻炼”，既是负担也没有必要，因为有一种更自然、更简单、更好的方法。

这个更好的方法就是挺直身体，做深呼吸。这时心里要想：自己的身体是笔直的，接着立即扩展胸部，挺起胸来，挺直身体。做的时候要慢慢呼吸，最大限度地吸足气；然后让空气在肺部停留片刻，再挺起胸来，做扩胸运动；与此同时，脊柱向前挺；最后再将空气自如地呼出。

这就是让胸部舒展，保持良好状态的一种锻炼方法。挺直身体，让肺部吸足空气，挺胸，伸直脊柱，自如地吐气。这种锻炼要不断重复，不分时间地点地做，直到养成习惯，能轻松自如地进行锻炼。无论什么时候走出家门，一进入新鲜、洁净的空气中，就要开始认真呼吸；工作的时候，想想自己和自己的姿势，认真呼吸；在公司上班，提醒自己认真呼吸；夜里醒来，也要认真呼吸。无论何时何地有了这个想法，就马上挺直身体，认真呼吸。如果走着上下班，一路上都要锻炼。很快这就会成为你的乐事，请一直坚持下去，不是为了健康，而是为了快乐。

让自己的脊柱笔直强健应该是一件令人骄傲的事，就像让自己的面孔保持干净一样。让自己的脊柱笔直，胸部舒展，跟保持外表整洁的道理是一样的：不这样做人就显得邋遢。你要么弯腰佝偻，猥琐难看；要么伸直腰板，健康挺拔。身体挺直了，呼吸自然会好。健康锻炼的问题在以后的章节中还会提到。

然而，最根本的一点是呼吸的空气。肺吸入的空气应该是含有正常比例的、不受污染的氧气，这似乎是大自然的旨意。你不必生活或工作在空气不好的地方。如果房子通风不好，就搬家；如果工作的地方空气不好，换个工作（如何换工作，可以参照本书《成就财富》部分内容中给出的方法）。如果没人愿意在污浊的环境中工作，老板就应尽快想办法，让所有的工作厂房空气流通。最差的空气是因呼吸造成的缺氧，比如教堂、戏院等人群拥挤、通风条件差的地方。另外，空气里除了氧气和氮气之外，还含有其他气体，我们能感知到的一些如下水道的臭气和东西腐烂产生的恶臭。充满灰尘或有机物颗粒的空气或许都比那些恶臭好一些。

无论何时都要自觉地、认真地、健康地呼吸。

有关正确呼吸的问题，就讲到这里。让脊柱保持笔直，让肺部保持弹性，呼吸洁净的空气，心怀感激之情，认识到人要永生呼吸，那没有什么难的。除此之外，就不要再想呼吸的事了，一心一意感谢大自然让你知道了如何正确地呼吸就好。

第 14 章　自然睡眠，补充生命力

睡眠可以补充生命力。世间万物都要睡觉；人和动物都要睡觉，即使是植物也要定期休眠。因为在睡眠中我们能与自然的生命之源进行接触，从而获得新生；在睡眠中，我们的大脑补充了生命力，我们身上的健康法则得到了新的力量。而最为重要的是，我们应该睡得自然、正常、完全健康。

一般认为，睡眠中的呼吸要比醒着时的呼吸深沉得多、有力得多、有节奏得多；睡眠时比醒着时吸入的空气要多得多。这种现象说明：健康法则需要空气中的大量元素进行新陈代谢。如果人在自然环境下睡眠，必须保证有大量新鲜和洁净的空气可以呼吸。医生发现，在户外洁净的空气中睡眠，对缓解肺部疾病很有帮助。联系到本书讲述的生活方式和思考方式，你还会发

现，这在缓解其他疾病方面也同样灵验。

要想方设法保证睡眠时空气绝对洁净。要将门窗打开，让自己的卧室像户外一样充分通风；可能的话，请敞开屋子的每扇门和每扇窗。室内空气不好的话，请将床头紧靠窗户，这样外面的微风会吹拂到脸上。无论天气多么寒冷，多么糟糕，都要打开窗户通风，让洁净的空气在室内流动。宁可多盖些被子保暖，也要让室外大量的新鲜空气进来。

睡眠时空气不流动或污浊不堪，大脑和神经中枢就得不到足够的活力。空气一定要流动起来，这对自然的生命之源来说极其重要。无论冬夏都关闭卧室的门窗，这样的睡眠方式就不健康。

下一个重要问题是，睡觉的心理态度。要睡得智慧，睡得有目的，知道为什么这样做是比较好的。躺下来想一想，睡眠是维持生命的可靠的手段，睡觉时要相信：自己的体力会得到补充，醒来时会充满活力，身心健康。上床就寝时不要灰心丧气或心情郁闷，要全身心地快快乐乐。睡前不要忘了表达感谢，感谢大自然告诉了我们健康之道，心中怀着深深的感激之情入睡。睡眠时的感恩祈祷是极大的好事，它促使人心中的健康法则发挥作用，让人得到新的力量。

你看，要做到健康睡眠其实并不难。首先，要保证睡眠时能呼吸到户外进来的洁净空气；其次，上床时花几分钟心怀感激地冥想，将灵魂与有生命力的物质联系起来。心怀感激、充满信心地遵守这些要求，事事都会尽如人意。

也许你患有失眠症，请不要担心。睡不着时，要认真呼吸，然后心怀感激地冥想自己拥有的丰富生活，想自己需要健康；对自己说：到时候就会睡着，会睡着的。失眠像其他疾病一样，会屈服于健康法则，健康法则会被追求健康的思想和行动唤起而全力发挥作用。

读者们现在可以明白，以完全健康的方式行使生命的自主性机能是简单易行的。完全健康的方式是最容易、最简单、最自然、最愉快的。健康的陶冶不是艰难的艺术创作，也不是费气力的劳作。我们只需要将各种人为的规则放在一边，以最自然、最快乐的方式吃、喝、呼吸、睡觉。如果能这样做，心想健康的我们就会变得健康。

第15章　补充说明

在建立健康观念时，有必要想一想：如果你十分健康，特别强壮，你的生活和工作方式会是怎样的。一直这样想，直到你对自己健康的样子有了非常好的认识。必须将自己的想法与自己渴望的事情统一起来，建立完全健康的观念，在言语、行为、态度上将自己与这种观念联系起来。

言语要谨慎，让每一个字都与完全健康的观念和谐一致。不要抱怨："我昨晚没睡好""我这边疼""我今天感觉一点都不好"，诸如此类的话尽量少说。要说"我盼着今晚能睡个好觉""我能看出我进步很快"一类的话。

对于一切与健康相关的事，你的办法是让自己在思想上和言语上与其统一起来。所有的内容概括起来就是：在思想、言语和行为上使自己成为一个健康的人，不要将自己与疾病在思想、言语或行为上关联起来。

如果你在思想和行动上严格遵循本书说明的生活方式去生活，相信你会获得健康。

不仅是你自己，还要尽可能地使身边其他人在思想上完全与健康关联起来。人在抱怨时，即使他们有病，受病痛折磨，也不要简单地去同情他们；如果你有能力，就让他们的思想转变到积极的方面来，尽一切所能为他们缓解痛苦。

不要听任别人诉说苦恼，也不要让他们向你罗列症状；转移话题，或请他们原谅，转身离去。宁可被看作无情无义的人，也比让糟糕的思想强加于你要好。有些人一贯的话题就是疾病之类的事情，当你与他们在一起时，建议不要理会他们说什么，而是默默在心里祈祷，感谢自己有一个十分健康的身体。如果那还不能使你打断他们的思路，说声再见，离开他们，无须在意他们的想法，礼貌在这里不适用。开明的思想家不会久留于别人的抱怨声和诉苦声之中；这样的思想家如果有成千上万，世界将会朝着好的方向迈进。

如果允许别人向自己诉说疾病，就是在帮助他们加重病情。那么我有疼痛时该怎么做呢？人身体遭受病痛折磨时，还能心想健康吗？能，能做到。不要过分沉溺于痛苦之中，要认识到这其实也是好事。疼痛时，你的身体正在努力恢复。

当你感到疼痛时，想一想治愈力正作用于患病的部位，要在心理上帮助它并与其合作。让自己在精神上与引起疼痛的力量充分协调一致，帮助它，一路帮下去。

当我虚弱得不能做事又该怎么办？要不要强迫自己不顾自身的情况，单纯去相信上天能帮我？要不要像长跑运动员那样，总是指望能“恢复正常呼吸”？不，最好不要这样做。如果开始这样的话，就不可能恢复正常体力。我们要在进行治疗的基础上，再从心理上与健康联系起来，去健康地行使生命的自主性机能，这样你的身体状况才会逐渐从不好变得较好，体力才会日益增强。但是你可能还是体力不支，做不了喜欢的事情，还需要几天时间恢复。此时，就要休息，要了解自己的身体在迅速好起来，同时在内心对给予你体力的大自然深表感谢。不要总去想自己现在如何虚弱，而要想自己即将强健起来。

总之，在任何时候，都不要轻易地向病痛屈服。甚至休息的时候，比如睡觉时，也请多专注于健康法则，它正把你塑造得特别强壮。

对于每年令成千上万人受尽折磨、头疼不已的便秘，我们又该怎么做？

我们或可读一读霍勒斯·弗莱彻的书，理解他对事实的全部解释：根据这种生活方式，你不一定需要每天都有排泄，但在心理上需要放松，减轻自身的焦虑。食量特别大的人经常的摄入量是其体能消耗的三倍甚至十倍，身体吸收不了，就会有大量废物要排出。但是，如果你按照我们所说的方式生活，情况会不同。

如果只是在饥饿时才吃东西，细细嚼烂每一口，如果刚觉得饥饿感减轻时就不再吃了，就完全是在为食物的消化和吸收做准备，实际上更多的将被吸收体所吸收，留在肠道里要排泄的所剩无几。如果将便秘药品广告中读到的内容从大脑中完全剔除，不再过多地去焦虑于便秘的事，相信健康法则会帮助你缓解它的。

但是，如果满脑子都是对便秘的恐惧，那么比较好的做法是适当用温水冲洗肛门。一旦看到自己有了不小的变化，减少了食量，科学地吃饭，脑子里就不再去想便秘的事，逐渐地，便秘也就会与你无关系了。相信自己体内的健康法则，它会帮助你一点点找到健康的！

那么如何看待锻炼身体呢？

我们每天最好全面地锻炼一下肌肉，锻炼肌肉最好的方法是从事某项运动或开展某种娱乐活动。锻炼进行得要自然，就像娱乐一样，不要为了身体的缘故而竭力做高难度动作。骑马、骑自行车、打网球、抛球玩都行。培养些业余爱好，例如种花，这样可以每天有事可做，既愉快又有益。锻炼身体的方法多种多样，足以使身体柔软灵活，血液循环良好。但是不要陷入“为健康而锻炼”的成规。锻炼是为了开心，或是为了获益。锻炼是因为你健康得坐不住，不是因为你想变得健康，或想保持健康。

那么有没有长时间连续禁食的必要？

即使有必要，必要性也很小。应该按照健康法则，在饥饿感到来时就顺其自然地吃东西。禁食者之所以长时间没有饥饿感，并不是他不饿，是因为饥饿感被他自我抑制了。禁食的人会下定决心禁食到底，让时间尽可能拖得长久。在强有力和积极暗示的影响下，潜意识思维延缓了饥饿感的到来。

不管出于什么原因，当上天将饥饿感带走时，就要继续快乐地做往常的事，等饥饿感回来时再吃东西。无论是多长时间，建议感到饿的时候才吃。如果我们快乐，充满信心，并保持对健康的信念，这就不会引起身体虚弱和不舒服。不饿的时候，不吃东西，会感到比吃东西时更强壮、更快乐、更舒服。如果按照本书说明的方法生活，相信你会比之前更加享受食物带来的乐趣。

图书在版编目（CIP）数据

吸引力法则：让你成就财富、成功与健康的秘密法则／（美）华莱士·D. 沃特尔斯著；沈京会，喻璐译.—4版.—北京：中国法制出版社，2022.8（2023.10重印）
（人生导师传世经典系列. 心理励志）
ISBN 978-7-5216-2687-2

Ⅰ.①吸… Ⅱ.①华…②沈…③喻… Ⅲ.①成功心理-通俗读物 Ⅳ.①B848.4-49

中国版本图书馆CIP数据核字（2022）第093810号

策划编辑：杨智
责任编辑：刘悦（798489332@qq.com）　　封面设计：汪要军

吸引力法则：让你成就财富、成功与健康的秘密法则

XIYINLI FAZE：RANG NI CHENGJIU CAIFU、CHENGGONG YU JIANKANG DE MIMI FAZE

著者/［美］华莱士·D. 沃特尔斯
译者/沈京会　喻璐
经销/新华书店
印刷/三河市国英印务有限公司
开本/710毫米×1000毫米　16开　　印张/11.5　字数/156千
版次/2022年8月第4版　　2023年10月第2次印刷

中国法制出版社出版
书号 ISBN 978-7-5216-2687-2　　定价：39.80元

北京市西城区西便门西里甲16号西便门办公区
邮政编码：100053　　传真：010-63141600
网址：http：//www.zgfzs.com　　**编辑部电话：010-63141819**
市场营销部电话：010-63141612　　**印务部电话：010-63141606**

（如有印装质量问题，请与本社印务部联系。）